高职高专机械类专业系列教材

HyperMesh网格划分技术

闫思江　韩晓玲　编著

西安电子科技大学出版社

内 容 简 介

本书采用项目教学法，将 HyperMesh 软件的常用主要功能与技巧循序渐进地穿插在 32 个经过精心思考而设计的典型项目中，借助每个完整的项目操作来说明单元划分的主要思路、流程、方法、技巧，以及相关建模工具的操作步骤。每个项目包括了项目说明、项目规划、项目实施和项目小结等内容。项目说明交代了项目的要求，项目规划分析了主要的建模思路，项目实施详细介绍了建模的完整过程，项目总结则对项目中所涉及的知识点加以归纳、总结和扩充。每个项目后都配有相应的、经过仔细推敲而设立的思考题和练习题，与项目本身相呼应，使所学内容得到进一步的巩固和拓展。每个项目力求图文并茂、言简意赅，突出实用性。

本书结构严谨、内容翔实、知识全面、可读性强、步骤明晰，是广大读者快速掌握 HyperMesh 网格划分技术的自学指导教材，更适合作为职业培训机构和广大高等院校相关专业的教材使用，同时也可供科研人员，特别是从事有限元分析和优化设计等工作的人员学习参考。

本书中项目、练习等所涉及的模型文件，可登录出版社网站(www.xduph.com)下载。每个项目都配有视频演示，通过扫描相应的二维码即可观看。

图书在版编目(CIP)数据

HyperMesh 网格划分技术 / 闫思江，韩晓玲编著. —西安：西安电子科技大学出版社，2019.6(2024.12 重印)

ISBN 978-7-5606-5304-4

Ⅰ. ①H… Ⅱ. ①闫… ②韩… Ⅲ. ①有限元分析—应用软件 Ⅳ. ①O241.82-39

中国版本图书馆 CIP 数据核字(2019)第 078555 号

策　　划　　刘玉芳
责任编辑　　段沐含
出版发行　　西安电子科技大学出版社(西安市太白南路 2 号)
电　　话　　(029)88202421　88201467　　　邮　　编　　710071
网　　址　　www.xduph.com　　　　　　电子邮箱　　xdupfxb001@163.com
经　　销　　新华书店
印刷单位　　咸阳华盛印务有限责任公司
版　　次　　2019 年 6 月第 1 版　　2024 年 12 月第 3 次印刷
开　　本　　787 毫米×1092 毫米　1/16　印 张　13
字　　数　　298 千字
定　　价　　35.00 元

ISBN 978 - 7 - 5606 - 5304 - 4

XDUP 5606001-3

如有印装问题可调换

前　言 PREFACE

　　现代科技发展日新月异，尤其是当信息技术广泛地渗透到各行各业后，不仅使原有的行业技术发生了变革，更重要的是改变了人们的思维方式。例如，在机械行业，基于有限元的设计技术彻底改变了传统的机械设计思路和流程。有限元分析分为三大步：有限元前处理、有限元求解和有限元后处理。

　　目前，有不少优秀的有限元分析软件，其自身都带有前处理(有限元建模)功能，但事实上，HyperMesh 因其十分强大的功能，已成为主流的有限元前处理软件之一。在有限元前、后处理领域，高质量的网格划分和图形表现能力仍然是关注的重点，网格方案的选取和网格质量是 CAE 仿真分析的支点。现在的模型规模已经是以前的上千倍，用户期望在处理这样的模型时能与软件流畅地交互。在这方面 HyperMesh 优势明显，被广泛地认为是标准的有限元前处理平台。单元划分的"好"与"坏"，直接影响求解结果的精度与时长，尤其在优化设计领域表现得更为突出。

　　HyperMesh 具有强大的有限元网格划分前处理功能。与其他的有限元前处理器相比较，HyperMesh 的图形用户界面采用人性化设计，易于学习，特别是其支持直接输入已有的三维 CAD 几何模型(SolidWorks、Pro/E、UG 等)，可以大大减少很多重复性的工作，使 CAE 分析工程师能够投入更多的精力和时间到分析计算工作中。在处理几何模型和有限元网格的效率与质量方面，HyperMesh 具有很好的速度、适应性和可定制性，可以很快地读取那些结构非常复杂、规模非常大的模型数据，从而大大提高了 CAE 分析工程师的工作效率。熟练掌握 HyperMesh 软件，已经成为机械设计从业人员的基本技能之一。

　　本书最主要的特色是采用项目教学法，将 HyperMesh 软件的主要功能与技巧循序渐进地穿插在 32 个经过精心思考而设计的典型项目中，借助每个完整的项目操作来说明网格划分的主要思路、流程、方法、技巧，以及相关建模工具的操作步骤。每个项目都包括了项目说明、项目规划、项目实施和项目小结等内容。项目说明交代了项目的要求，项目规划分析了主要的建模思路，项目实施详细介绍了建模的完整过程，项目总结则对项目中所涉及的知识点加以归纳、总结和扩充。每个项目后配有相应的、经过仔细推敲而设立的思考题和练习题，与项目本身相呼应，使所学内容得到进一步的巩固和拓展。每个项目力求图文并茂、言简意赅，突出实用性。本书内容按 60 学时编写，在使用时可根据各院校自身的情况和不同的专业要求进行增减。

　　本书是由青岛港湾职业技术学院机械工程系闫思江教授、韩晓玲副教授合作编写，承冷然教授对全书进行了仔细审阅，并提出了不少宝贵的意见，在此一并向相关人员表示衷心的感谢。

　　本书可能还存在疏漏及不妥之处，敬请广大读者不吝指正，以便再版时修订完善。

编　者

2019 年 3 月

学 习 导 航

项 目 编 号	项 目 图 例	学 习 目 标
项目1 创建与 删除节点		❖ 在给定坐标(x,y,z)处创建节点 ❖ 在圆弧或圆的中心处创建节点 ❖ 在直线的中点和端点处创建节点 ❖ 在两线交点处创建节点 ❖ 测量两点间距离和三点间角度
项目2 创建 五角星		❖ 创建线(直线、曲线、圆弧、圆等) ❖ 编辑线(打断、延伸、删除等) ❖ 测量线的长度
项目3 创建面 (槽扣)		❖ 创建面(平面、曲面) ❖ 编辑面(切割、合并、删除等) ❖ 创建线、面的圆角
项目4 创建带孔 立方体		❖ 创建体(拉伸、旋转、扫描等) ❖ 编辑体(切割、合并、删除等)
项目5 几何清理 边界线		❖ 查找、删除重复面 ❖ 缝合间隙 ❖ 修补缺损面 ❖ 删除自由点
项目6 清理几何 特征		❖ 删除面内小孔 ❖ 查找、删除重复面 ❖ 消除边界和面的圆角

项目编号	项目图例	学习目标
项目 7 抽取中面		❖ 抽取中面 ❖ 编辑中面 ❖ plate edit 面板的使用
项目 8 几何清理并 抽取中面		❖ 查找及显示自由边和"T"形边 ❖ 平滑修补缺失面 ❖ 批量自动缝合小间隙 ❖ 使用替代线缝合较大间隙 ❖ 手动缝合小间隙
项目 9 2D 网格 划分		❖ 简化几何模型 ❖ 批量自动缝合小间隙 ❖ 手动缝合间隙 ❖ 硬点的压缩 ❖ 2D 自动网络划分
项目 10 中面抽取并 进行 2D 网 格划分		❖ 中面抽取 ❖ 简化几何模型 ❖ 修补缺陷 ❖ 切分曲面并分网
项目 11 基于网格参 数的 2D 网 格划分		❖ 基于单元尺寸创建网格 ❖ 基于最大弦差创建网格 ❖ 基于最大角度参数创建网格 ❖ 基于最大单元尺寸参数创建网格
项目 12 网格质量检 查与优化		❖ 壳单元连续性检查与缝合 ❖ 单元法向的处理 ❖ 对单元质量进行检查 ❖ 消除存在质量问题的单元 ❖ 在已分网的基础上添加 Washer，以改 善圆孔周边网格质量
项目 13 使用 QI 检 查，并优化 二维网格 质量		❖ 检查、评估网格质量 ❖ 对于未通过质量标准的失效单元进行 修正 ❖ 一次性优化大量需要改进的单元

项目编号	项 目 图 例	学 习 目 标
项目 14 无几何表面 的 2D 网格划分		❖ 对无几何表面进行二维网格划分 ❖ scale 的使用
项目 15 轴承支架 3D 分网		❖ 导入 CAD 模型 ❖ 去除面的圆角 ❖ 体的切分 ❖ 通过映射生成体网格
项目 16 球体 3D 网格划分		❖ 对称体的镜像操作 ❖ 如何切分体使之成为可映射的 ❖ 理解和掌握映射分网的思想及方法
项目 17 连杆 3D 网格划分		❖ 使用截面扫描分网 ❖ 线性拉伸网格 ❖ 3D 网格的偏置
项目 18 复杂结构体 3D 网格划分		❖ 通过面生成实体 ❖ 切分实体成若干个简单、可映射的 　部分 ❖ 使用 solid map 功能创建六面体网格
项目 19 托架臂 3D 网格划分		❖ 使用偏置进行分网 ❖ 使用旋转进行分网 ❖ 使用线性扫描进行分网 ❖ 沿节点进行分网

项目编号	项 目 图 例	学 习 目 标
项目 20 接头 3D 网格划分		❖ 对称模型分网时的处理
项目 21 上、中、下 结构 3D 网格划分		❖ 沿给定曲线对面进行 2D 网格划分 ❖ 沿给定节点生成 3D 网格 ❖ 规划网格划分次序
项目 22 正棱锥 3D 网格划分		❖ 高质量划分六面体网格的要点 ❖ 理解网格的映射原理 ❖ 规划网格划分次序
项目 23 带孔立方体 3D 网格 划分		❖ 导入 CAD 几何模型 ❖ 对几何模型进行测量 ❖ 理解体不可映射的原因 ❖ 理解六面体网格划分原理
项目 24 齿轮轴 3D 网格划分		❖ 对几何模型进行测量 ❖ 掌握如何组织模型元素 ❖ 如何处理对称模型
项目 25 四面体 网格划分		❖ 对几何体进行四面体 3D 网格划分 ❖ 局部细化网格

项目编号	项 目 图 例	学 习 目 标
项目 26 使用标准 截面创建 1D 单元		❖ 使用标准横截面创建 1D 单元 ❖ 修改 1D 单元位置 ❖ 创建局部坐标系
项目 27 使用自建 截面创建 1D 单元		❖ 创建 1D 单元横截面 ❖ 创建 1D 单元
项目 28 查找并 删除重复 单元		❖ 查找、删除重复单元 ❖ 只显示失效单元
项目 29 修改部分 单元		❖ 修改部分单元
项目 30 改变弹簧直 径 D 及簧丝 直径 d		❖ 创建域 ❖ 改变模型某个方向尺寸
项目 31 改变轴的 几何尺寸		❖ 改变几何模型尺寸 ❖ 改变单元模型尺寸
项目 32 改变单 元形态		❖ 整体单元变形

目 录 CONTENTS

绪论——HyperMesh 简介

一、HyperMesh 概述

有限元的基本思想，可概括为"先分后合"或"化整为零又积零成整"。具体来说：先把连续的求解域离散为有限个单元体，使其只在有限个指定的节点上相互连接，然后对每个单元选择比较简单的函数近似表达单元物理量，并基于问题描述的基本方程，建立单元节点的平衡方程组，再用所有单元的方程组组成表示整个结构力学特性的整体代数方程组，最后引入边界条件求解代数方程组而获得数值解。而所谓有限元分析可分为三大步：有限元前处理、有限元求解和有限元后处理。

HyperMesh 是一个高性能的有限单元前后处理器，让用户在交互及可视化的环境下验证各种设计条件。HyperMesh 的图形用户界面易于学习，支持 CAD 几何模型和已有的有限元模型的直接输入，可减少重复性建模工作，其后处理工具能够形象地表现出复杂的仿真结果。HyperMesh 具有很高的速度、很好的适应性和可定制性，并且对模型规模没有限制。

HyperMesh 具有工业界主要的 CAD 数据接口，所包含的一系列工具用于整理和改进输入的几何模型。输入的几何模型可能会有间隙、重叠和缺损，这些都会妨碍高质量网格的自动划分。HyperMesh 提供了方便、实用的几何清理工具，通过清除缺损、孔洞，以及压缩相邻曲面的边界等方式，用户可在模型内更大、更合理的区域划分网格，从而提高网格划分的整体速度和质量。同时，它还提供云图显示网格质量、网格质量跟踪检查等便携式工具，可以及时进行检查，并改进网格质量。

在建立和编辑有限元模型方面，HyperMesh 为用户提供了一整套先进的且易于使用的工具包。对于 2D 和 3D 建模，用户可以使用各种网格生成模板以及强大的自动网格划分模块。HyperMesh 的自动网格划分模块为用户提供了一个智能的网格生成工具，同时可以交互调整每一个曲面或边界的网格参数，包括单元密度和单元长度的变化趋势、网格划分算法等。HyperMesh 也可以快速地用高质量的一阶或二阶四面体单元自动划分封闭的区域，其中四面体自动网格划分模块应用了强大的 AFLR 算法，用户可以根据结构和 CFD 建模需要，选择浮动或固定边界三角形单元和重新划分局部区域。

HyperMesh 提供了完备的后处理功能组件，以便用户轻松、准确地理解并表达复杂的仿真结果。它具有完善的可视化功能，可以使用等值面、变形、云图、瞬变、矢量图和截面云图等表现结果，支持变形、线性、复合及瞬变动画显示。此外，它还可以直接生成 BMP、JPG、EPS、TIFF 等格式的图形文件及通用的动画格式。这些特性结合友好的用户界面，使用户能够迅速找到问题所在，同时有助于缩短评估的过程。

HyperMesh 支持多种不同求解器的输入、输出格式。同时，HyperMesh 有完善的输出模板语言和 C 函数库，用于开发输入转换器接口，从而提供对其他求解器的支持。

二、用户环境及文件操作

1．起始目录设置

右键单击 HyperMesh 图标，从弹出菜单中选择 Properties(属性)菜单项，在起始位置文本框内输入路径，同时可设置快捷键启动(通常不设置)。

2．用户环境

HyperMesh 窗口界面主要包含图形区(Graphics Area)、下拉菜单(Pull Down Menu)、工具栏(Tool Bar)、标题栏(Header Bar)、页面菜单(Page Menu)、面板菜单(Panel Menu)、标签域(Tab Area)、命令窗口(Command Window)等区域。在窗口界面的上方是题头栏(Title Bar)，显示当前使用的 HyperMesh 的版本号和用户正在处理的文件名称。图 1 是 HyperMesh 的主界面。

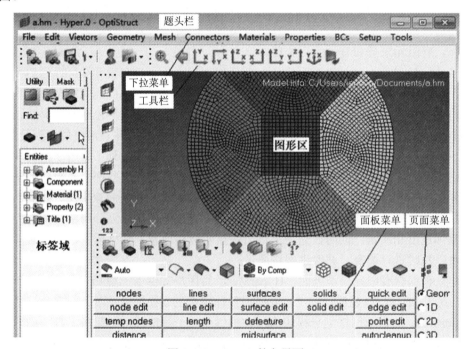

图 1   HyperMesh 的主界面

(1) 图形区：用于显示几何模型、有限元模型、XY 曲线图和结果图。用户可以在三维空间内实时地对模型进行操作，在图形区也可交互式地选择实体。

(2) 下拉菜单：当用户点击这些下拉菜单时，就会出现下一级的菜单选项，通过点击这些菜单选项，就可进入 HyperMesh 不同的功能模块。

(3) 工具栏：为常用功能提供了快捷键，可以通过 View 下拉菜单控制图标按钮的打开和关闭。

(4) 页面菜单：也称主菜单(Main Menu)，包括多个子菜单。HyperMesh 根据其功能不同，分成七页：

- Geom：包含与创建和编辑几何模型有关的功能。
- 1D：包含一维单元的创建和编辑工具。
- 2D：包含二维单元的创建和编辑工具。
- 3D：包含三维单元的创建和编辑工具。
- Analysis：包含分析问题及边界条件定义的功能。
- Tool：包含模型编辑多种工具、模型质量检查及有关模型信息的功能。
- Post：包含后处理和绘制 XY 曲线图的功能。

(5) 面板菜单：显示每一个页面上可用的功能，用户可通过单击与功能相应的按钮来实现这些功能。

(6) 标签域(Tab Area)：通常位于图形区的左侧或右侧，列出了一些很有用的工具，如 Utility 菜单、Mask、Model 浏览器等，可以通过 View 下拉菜单控制标签域的打开、关闭及放置位置，以及其上每一个选项条目的增加与删除。

(7) 命令窗口：可将 HyperMesh 的命令直接键入文本框执行的方式，代替使用图形用户界面功能执行命令，命令窗口可通过 View 下拉菜单控制打开和关闭。

3．文件操作

文件操作主要包括打开(Open)、导入(Import)、导出(Export)、保存(Save)和另存为(Save As)等，可通过以下两种方式进入：

(1) 在工具栏上单击图标按钮。

(2) 选择 File 下拉菜单。

4．颜色设置

通过菜单栏上的 Preferences → Colors 启动颜色对话框，也可单击 🖥 设置颜色，如图 2 所示。该对话框允许用户为图形界面下创建的各种元素，以及为不同的几何模型或网格对象选择特定的颜色。

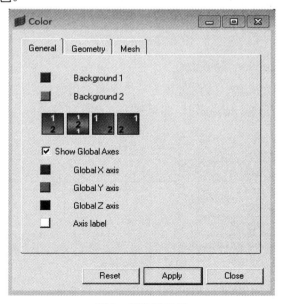

图 2　颜色对话框

三、面板菜单的使用

HyperMesh 的绝大部分功能都组织到各个面板上，很多面板都具有相同的属性和控件。当用户熟悉了一个面板的操作后，就会很容易掌握其他面板的使用方法。

面板包含子面板、功能按钮、切换按钮、多选按钮、操作对象选择器、方向选择器、数据文本框和弹出菜单等。每个面板的菜单项目帮助用户指定实现面板功能所需的设置和输入信息。在 HyperMesh 工作区面板是从左到右分布的，左边包含了许多操作工具信息，右边则是执行操作的执行按键，通常按照从左至右的顺序执行面板操作。

1. 对象选择器(Entity Selector)

用户在执行一项功能时，首先需要通过对象选择器来指定被操作对象的类型(如单元 elems、曲面 surfs 等)，如图 3 所示。

图 3　对象选择器

左侧是 Switches 按钮 ▼，提供一个有多个选项的弹出菜单；右侧是 Reset 按钮 ◀，用于取消已选择的对象；中间黄色的是对象选择器按钮，当按钮被蓝绿色的方框包围时，表示这个控件处于激活状态，可以用它来选择要被处理的操作对象，单击时弹出扩展选项菜单，提供选择方法，如图 4 所示。

by window	on plane	by width	by geoms
displayed	retrieve	by group	by adjacent
all	save	duplicate	by attached
reverse	by id	by config	by face
by collector	by assems	by sets	by outputblock

图 4　扩展选项菜单

2. 方向选择器(Direction Selector)

方向选择器用于确定方向。方向可选定一个平面，用它的法线确定方向，同时还可以通过其他方法确定。单击 Switch 按钮，即可弹出方向选择器菜单，如图 5 所示。

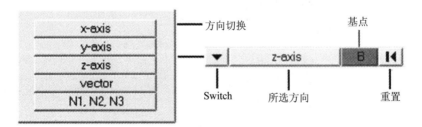

图 5　方向选择器

如果选择两点定义一个方向，则是 N1 指向 N2；如果定义三点决定一个方向，则遵循右手规则。

3. 快捷键(Shortcut Key)

尽管大多数 HyperMesh 操作使用鼠标,但是用户必须使用键盘输入新文件名、组件的名称或标题信息。此外,还有一些键盘快捷键,可以使用户直接使用永久菜单中的视图操作功能,用户也可以使用箭头旋转模型。键盘的快捷键见表 1。

表 1 快 捷 键

快捷键	操 作	快捷键	操 作
F1	hidden line 隐藏线	b	返回到以前操作的视图中
F2	delete 删除	z	缩放视图
F3	replace 合并两个节点	p	刷新显示
F4	distance 测量距离、角度等	w	窗口局部显示
F5	mask 隐藏	f	充满窗口
F6	element edit 单元编辑	r	旋转
F7	nodes edit 节点编辑	c	设定视图中心
F8	create node 创建节点	t	设定视角显示
F9	line edit 线编辑	a	弧形旋转
F10	check elems 单元质量检查	o	option 选项参数设置
F11	quick edit 快速编辑	h	打开在线帮助文件
F12	automesh 2D 自动网格划分	m	显示/关闭下面的工具面板

四、鼠标与控制

鼠标对于 HyperMesh 的使用非常重要,在几乎任何需要用户输入信息的地方都会用到。HyperMesh 中可以使用双键或者三键鼠标。鼠标的按键功能见表 2。

表 2 鼠标按键功能

种类	鼠标按键		功 能
双键	左键		执行选择操作
	右键		在图形区中执行反向选择或放弃已选的图形
三键	左键	+ Ctrl 键移动鼠标	动态旋转模型
		+ Ctrl 键点击	改变模型旋转中心
	中键	+ Ctrl 键	将模型填充图形区
		+ Ctrl 键鼠标移动	放大鼠标滑过区域
	滚动中轮	+ Ctrl 键	缩放模型
	右键	+ Ctrl 键移动鼠标	平移模型

五、工具栏

显示工具栏(Visualization Toolbar)除控制对象在图形区的显示状态外，还包括设置几何和网格的颜色、显示模式等。该工具栏可通过 View → Toolbars 命令打开或关闭，如图 6 所示。工具栏的按钮应用功能具体说明如表 3 所示。

图 6　显示工具栏

表 3　显示工具栏中各个按钮主要功能

图　标	功　能
Auto	基于当前激活的面板，自动选择 Color 面板所设颜色显示模型，通过 Preferences → Color 菜单选项修改颜色
By Comp	所有曲面和实体面根据几何特征所属 Component 设置的颜色进行着色
By Topo	曲面为灰色，曲面的边根据拓扑关系着色，即红色(自由边)、绿色(共享边)、黄色(T 形边)和蓝色(压缩边)；实体面为透明绿色(边界面)，实体面的边为绿色，实体内部面为黄色(贯穿面)和红色(非完全贯穿面)
By 2D Topo	曲面为灰色，曲面的边根据拓扑关系着色，即红色(自由边)、绿色(共享边)、黄色(T 形边)和蓝色(压缩边)；实体面为透明绿色(边界面)，忽略实体拓扑着色规则
By 3D Topo	曲面和曲面的边为蓝色,忽略2D 拓扑着色规则；实体面为透明绿色(边界面)，实体面的边为绿色，实体内部面为黄色(贯穿面)
Mixed	曲面和实体根据所属 Component 设定的颜色着色，曲面边和实体面根据拓扑关系着色
Mappable	曲面以线框模式显示，曲面的边着色为蓝色(忽略拓扑着色规则)；实体面根据可映射性着色，即红色(不可映射)、黄色(1D 映射)、绿色(3D 映射)；实体面根据拓扑关系着色
	将几何显示模式设置为线框几何模型(Wireframe)
	将几何显示模式设置为带曲面线的线框几何模型(Wireframe with Surface Lines)
	将几何示模式设置为带曲面边的着色几何模型(Shaded surface edges)
	将几何显示模式设置为着色几何模型(Shaded)
	打开透明(Transparency)面板
By Comp	所有单元根据其所在 Component 设定的颜色着色,Component 的颜色可通过在 Model Browser 中右键单击其颜色框，选择新的颜色进行修改

图　标	功　　能
By Prop ▼	所有单元根据为其分配的属性进行着色，没有分配属性的单元将呈现灰色。属性的颜色可通过在 Model Browser 中右键单击其颜色框，选择新的颜色进行修改
By Mat ▼	所有单元根据其分配的材料进行着色，材料的颜色可通过在 Model Browser 中右键单击其颜色框，选择新的颜色进行修改
By Assem ▼	所有单元根据其所属的 Assembly 进行着色，每个 Assembly 获得一种不同的颜色。不属于任何 Assembly 的单元将呈灰色。Assembly 的颜色可通过在 Model Browser 中右键单击其颜色框选择新的颜色进行修改
1D/2D/3D ▼	所有的单元根据其维度关系进行着色，即绿色(1D)、蓝色(2D)、红色(3D)
By Config ▼	所有单元根据其单元配置(如 mass，reb2，spring，bar，rod，gap，tria3，quad4 tetra4 等)进行着色。单元的配置颜色可通过 Element Types 改变
By Thickness ▼	壳单元根据其厚度值着色。如果没有设定厚度值，则所有壳单元为同种颜色；否则，单元将根据其厚度进行不同颜色的着色，同时在图形区的左上角会显示一个信息框，用于标明厚度值和颜色的对应关系
	将当前单元的显示模式设置为线框单元模式(仅表面)(Wireframe Skin Only)不显示内部网格线
	将当前单元的显示模式设置为线框单元模式(Wireframe)，显示内部和表面网格线
	将当前单元的显示模式设置为着色单元模式(Shaded)，单元为着色模式，不显示任何线
	将当前单元的显示模式设置为带网格线的着色模式(Shaded with Mesh Lines)，单元呈着色状态，同时显示曲面的网格线
	将当前单元的显示模式设置为带特征线的着色单元模式(Shaded with Feature Lines)，单元为着色状态，但仅显示特征线，不显示网格线
	将当前单元的显示模式设置为透视单元模式(Transparent Elements)，单元处于着色且透视状态，不显示网格线
	只显示梁或类似的简单单元
	3D 信息显示，带厚度的壳单元显示为三维实体，但是并不会被程序作为 3D 对象处理。除显示模式外，它们在各方面的属性均为 2D 壳单元，Offsets 也会显示出来
	梁或类似对象的简单单元和基于形状的细节信息均会显示。带厚度的壳单元会叠加在原始的 2D 网格上而显示为三维实体，但是这种实体仅仅是一种显示模式。这些 2D 单元不会被当作 3D 实体去参与任何计算，Offsets 也会显示出来
	根据 Shrink 因子进行 Shrink Elements 的切换，Shrink 因子可通过 Preferences → Graphics 菜单中的相应选项进行修改
	可视化元素的颜色设置包括线的方向显示

六、常用单元质量检查参数

常用单元质量检查参数如表 4 所示。

表 4　常用单元质量检查参数

名　称	描　述	标　准
Aspect Ratio(纵横比)	最长边与最短边，或顶点到对边最短距离的比值	小于 5:1
Chordal Deviation(弦差)	弧线与弦之间的垂直距离	
Interior(内角)	三角形和四边形的内角	
Jacobian(雅克比)	雅克比反映了单元接近其理想状态的程度，其值为 0~1	大于 0.55
Length (min)(最小边长)	顶点到对边的最短距离	
Skew(扭曲度)	首先连接两对边的中点，然后作出其中一条连线的垂线，该垂线与另一条连线的夹角	60°~75°(最小值)
Warpage(翘曲角)	四边形对角线将其分成两个三角形，它们法线的夹角	30°~40°(最小值)

七、概念解释

1．节点和曲线

1) 节点(Nodes)

节点是最基本的有限元对象，代表了结构的空间位置，并用于定义单元的位置和形状。同时，它也可作为创建几何对象时的辅助对象。节点可能包含指向其他几何对象的指针，并能与它们直接关联。根据网格模型的显示模式，节点显示为一个圆或球，在默认情况下颜色为黄色。

2) 自由点(Free points)

自由点是一种在空间中不与任何曲面相关联的零维几何对象，通过"×"来表示，其颜色取决于所属的组件集合。这种类型的点通常应用于定义装配或焊接点的位置。

3) 线(Lines)

线是指空间中不与任何曲面或实体相关联的曲线，是一维集合对象，其颜色取决于所属的组件集合。线可由一种或多种线型构成，每一种线型构成线的一部分。上条线段的终点将作为下一线段的起点，各个线段最终组成一个线对象，因而对线的操作将作用到线上所有的线段。通常情况下，HyperMesh 会自动使用合适的线段数量和线型来表达几何对象。

HyperMesh 通过下述方式创建线对象：

- Straight(直线)；
- Elliptical(椭圆线)；
- NURBS(非均匀有理样条曲线或分段定义的多项式参数曲线)。

由于线与曲面边界不同，因而对于不同的应用场合需要进行不同的操作。

4) 面(Surfaces)

面是由单一非均匀有理 B 样条曲线(NURUBS)构成的最小区域对象，它有不同的数学定义，在创建时需特别指定。

HyperMesh 通过下述方式创建面对象：

- Plane(平面)；
- Cylinder/Cone(圆柱/圆锥)；
- Sphere(球)；
- Torus(圆环面)；
- NURUS(非均匀有理样条曲线)。

HyperMesh 中曲面可由一种或多种类型的面构成。多种类型的面用来定义包含尖角的复杂曲面或高度复杂的形状。

2．曲面和体

1) 曲面(Surfaces)

曲面用来描述关联模型的几何，它是二维几何对象，可用于自动网格划分。曲面由一个或多个面包含一个数学意义上的曲面和切分曲面组合成一个完整的曲面对象，因而对于曲面的操作将影响到其中所有的面。通常情况下，HyperMesh 会自动使用合适的面数量和面型来表达几何对象。曲面的周长是通过边界定义的。HyperMesh 中有 4 种类型的曲面边界，具体如下：

- Free edges(自由边)；
- Shared edges(共享边)；
- Suppressed edges(压缩边)；
- Non-manifold edges(T 形边)。

由于曲面边界与线不同，因而对于不同的应用场合需要进行不同的操作。曲面边界的连续性反映了几何的拓扑关系。

2) 实体(Solids)

实体是指构成任意形状的闭合曲面，它是三维几何对象，可进行自动四面体划分的，其颜色取决于所属的组件集合。构成实体的曲面可以归属于不同的组件集合。实体及相关联的曲面显示是由实体所属的集合控制的。

3．曲面和体的拓扑关系

1) 硬点(Fixed Points)

硬点是指与曲面关联的零维几何对象，其颜色取决于所关联曲面的颜色，通过"○"表示。划分网格时，automesh 将在待划分曲面的每个硬点位置创建节点。位于 3 个或多个非压缩边的连接处的硬点称为顶点，这类硬点不能被压缩(即去除)。

2) 自由边(Free Edges)

自由边是指被一个曲面所占用的边界，在默认情况下显示为红色。在仅由曲面构成的模型中，自由边将出现在模型的外缘及孔内壁。相邻曲面间的自由边意味着这两个曲面之间存在间隙，划分网格时 automesh 会自动保留这些间隙特征，因而在分网前应予以消除。

3) 共享边(Shared Edges)

共享边是指由相邻曲面共同拥有的边界，在默认情况下呈现绿色。当两个曲面之间的边界是共享边，即曲面间没有间隙或重叠特征时，也就是说它们是连续的。划分网格时 automesh 将沿着共享边放置节点，并创建连续的网格，而不会创建跨越共享边的独立单元。

4) 压缩边(Suppressed Edges)

压缩边是指由两个曲面共同拥有的边界，但此边将被 automesh 忽略，在默认情况下压缩边呈现蓝色。与共享边类似，压缩边也描述曲面间的连续性，不同的是 automesh 可以在此处创建跨越边界的单元，就像没有边界一样。划分网格时，automesh 不会在压缩边处放置节点，因而某些单元可以跨越边界线。通过压缩不需要的边界，众多小曲面将会组合成较大的逻辑上可以划分的区域。

5) T 形边(Non-manifold Edges)

T 形边是指由 3 个或 3 个以上的曲面共同拥有的边界，又称交叉边，在默认情况下呈现黄色。它们通常出现在"T"字交叉位置，或两个或多个重复面位置。automesh 沿着 T 形边界放置节点并创建不含任何间隙的连续网格，在 T 形连接处 automesh 不会创建跨越边界的单元，T 形边界不能进行压缩操作。

6) 边界面(Bounding Faces)

边界面是指定义单一实体外边界的曲面，在默认情况下呈绿色。边界面是独立存在的，并且不与其他实体所共有，一个独立的实体通常由多个边界面构成。

7) 不完全切分面(Fin Faces)

不完全切分面是指面上所有边界均处于同一个实体内，或者说是独立实体中的悬着面，在默认情况下呈现红色，不可压缩。

8) 完全切分面(Full Partition Faces)

完全切分面是指由一个或多个实体共享构成的边界面，在默认情况下呈现黄色。

4．HyperMesh 几何创建

HyperMesh 向用户提供了类型丰富的几何创建和编辑功能。本附录给出了 HyperMesh 几何工具的三大模块，即几何创建(Creating Geometry)、几何编辑(Editing Geometry)，以及几何特征查询(Querying Geometry)的功能及按钮。

HyperMesh 有限元前处理平台向用户提供了丰富的几何创建功能。此外，用户也可以通过 HyperMesh CAD 接口导入已有的几何模型。各类几何创建功能的应用场合基于待创建几何的特征以及对模型细节的具体要求。下面给出了 HyperMesh 主要的几何创建功能及其对应的按钮。

1) 节点(Nodes)

- XYZ：通过指定坐标值(x, y, z)的方式创建节点。
- on geometry：在选择的点、线、曲面和平面等几何对象上创建节点。
- arc center：在能够描述输入节点、点或线集的最佳圆弧曲率中心处创建节点。
- extract parametric：在线和曲面的参数化位置创建节点。

- extract on line：在所选线段上创建均布节点或偏置节点。
- interpolate nodes：在空间已存在的节点处，通过插值方式创建均布节点或偏置节点。
- interpolate on line：在线段上已存在的节点处，通过插值的方式创建均布节点或偏置节点。
- interpolate on surface：在曲面上已存在的节点处，通过插值的方式创建均布节点或偏置节点。
- intersect：在几何对象的交叉位置(如线/线、线/曲面、线/实体、线/平面、向量/线、向量/曲面、向量/实体及向量/平面)创建节点。
- temp nodes：通过复制已存在的节点，或在已存在的几何或单元上创建节点。
- circle center：在由 3 个节点精确定义圆的圆心处创建节点。
- duplicate：复制已有节点。
- on screen：预选已有的几何或单元，并通过单击的方式创建节点。任何具有 node 或 node list 输入框的面板均可实现。
- 通过命令创建的方式没有对应的面板。

2) 自由点(Free Points)
- suppressed fixed points：通过压缩硬点的方式在原始硬点的位置生成自由点。

3) 硬点(Fixed Points)
- by cursor：在曲面或曲面边界的光标位置创建硬点(point edit、quick edit)。
- on edge：在曲面边界处创建硬点(point edit、quick edit)。
- on surface：在曲面或靠近曲面已有节点或自由点的位置创建硬点(point edit)。
- project：通过投影已有自由点或硬点到曲面边界创建硬点(point edit、quick edit)。
- defeature pinholes：简化小孔特征时硬点会在待去除小孔特征的圆心位置出现。
- 通过命令创建的方式没有对应的面板。

4) 曲线(Lines)
- xyz：通过指定坐标值(x, y, z)的方式创建线。
- linear nodes：在两节点之间创建直线。
- standard nodes：在节点之间创建标准线。
- smooth nodes：在节点之间创建光滑曲线。
- controlled nodes：在节点之间创建控制线。
- drag along vector：沿指定向量拉伸节点一定的距离形成线。
- arc center and radius：通过指定圆心和半径创建圆弧。
- arc nodes and vector：通过两个节点和向量创建圆弧。
- arc three nodes：通过指定圆弧上 3 个节点创建圆弧。
- circle center and radius：通过指定圆心和半径创建圆。
- circle nodes and vector：通过两个节点和向量创建圆。
- circle three nodes：通过指定圆弧上 3 个节点创建圆。
- conic：通过指定起点、终点及切线位置创建圆锥线。
- extract edge：复制曲面边界创建线。

- extract parametric：在曲面参数化位置创建线。
- intersect：在几何对象的交叉位置(如线/线、线/曲面、线/实体、线/平面、向量/线、向量/曲面、向量/实体及向量/平面)创建线。
- manifold：通过节点集在曲面上创建线性或光滑线。
- offset：通过偏移曲线相同距离或变化距离创建曲线。
- midlines：在已有曲线上通过插值的方式创建曲线。
- fillet：在两条自由曲线交汇处创建倒圆线。
- tangent：在一条曲线和一个节点之间，或两条曲线之间创建切线。
- normal to geometry：从节点或点位置创建曲线、曲面和实体的垂线。
- normal to 2D on plane：在一个平面上从指定节点或点位置创建垂直于目标曲线的垂线。
- features：从单元特征处创建曲线。

5) 曲面(Surfaces)
- square：创建二维方形曲面。
- cylinder full：创建三维完全圆柱曲面。
- cylinder partial：创建三维部分圆柱曲面。
- cone full：创建二维完全圆锥曲面。
- cone partial：创建三维部分圆锥曲面。
- sphere center and radius：通过指定圆心和半径创建三维球面。
- sphere four nodes：通过指定 4 个节点创建三维球面。
- sphere partial：创建三维部分球面。
- torus center and radius：通过指定圆心、法线方向、最小半径和最大半径创建三维圆环面。
- torus three nodes：通过指定 3 个节点创建三维圆环面。
- torus partial：创建三维部分圆环面。
- spin：沿某个轴线旋转曲线或节点集创建曲面。
- drag along vector：沿某一向量拉伸曲线或节点集创建曲面。
- drag along line：沿某条曲线拉伸曲线或节点集创建曲面。
- drag along normal：沿曲线法线方向拉伸曲线创建曲面。
- ruled：在曲线或节点集之间以插值的方式创建曲面。
- spline/filler：通过填补间隙方式创建曲面，如填补已有曲面的孔特征。
- skin：通过指定一组曲线创建曲面。
- fillet：在曲面边界处创建等半径倒圆面。
- from FE：创建贴合壳单元的曲面。
- meshlines：创建关联壳单元的曲线，以便高级选择或曲面创建。
- auto midsurface：从多个曲面或实体特征中自动创建中面。
- surface pair：从一对曲面中创建中面。

6) 实体(Solids)
- block：创建三维块状实体。

- cylinder full：创建三维完全圆柱实体。
- cylinder partial：创建三维部分圆柱实体。
- cone full：创建三维完全圆锥实体。
- cone partial：创建三维部分圆锥实体。
- sphere center and radius：通过指定中心和半径的方式创建三维球体。
- sphere four nodes：通过指定 4 个节点创建三维球体。
- torus center and radius：通过指定中心、法线方向、最小半径和最大半径创建二维圆环体。
- torus three nodes：通过指定 3 个节点创建三维圆环体。
- torus partial：创建三维部分圆环体。
- bounding surfaces：通过封闭曲面创建实体。
- spin：沿某个轴线旋转曲面创建实体。
- drag along vector：沿某一向量拉伸曲面创建实体。
- drag along line：沿某条曲线拉伸曲面创建实体。
- drag along normal：沿曲面法线方向拉伸曲面创建实体。
- ruled linear：通过曲面间线性插值创建实体。
- ruled smooth：通过曲面间高阶插值创建实体。

5. 几何编辑

1) 节点(Nodes)

- clear：删除临时节点。
- associate：通过移动节点到硬点、曲面边界和曲面位置的方式，将节点与这些特征相关联。
- move：沿曲面移动节点。
- place：将节点放置在曲面中的指定位置。
- remap：通过从曲线或曲面映射节点到另一曲线或曲面的方式移动节点。
- align：按照虚拟曲线排列节点。
- find：通过查找关联某一有限元对象上节点的方式创建临时节点。
- translate：沿某一向量移动节点。
- rotate：沿某一轴线旋转节点。
- scale：按照统一比例或不同比例缩放自由点位置。
- reflect：以某平面为中面，创建对称节点。
- project：投影节点到平面、向量、曲线/曲面边界或曲面上。
- position：平移或旋转节点到一个新的位置。
- permute：转换节点所属坐标系。
- renumber：对节点重新编码。

2) 点(Points)

相应的几何编辑的操作同"节点"(略)。

3) 硬点(Fixed Points)

- suppress/remove：压缩不构成顶点的硬点。
- replace：合并距离较近的节点，将其移动到一个硬点处。
- release：释放硬点，与此点相关联的共享边界变为自由边界。

4) 曲线(Lines)

- delete：删除曲线。
- combine：合并两条曲线为一条。
- split at point：在指定点处切分曲线。
- split at line：使用曲线切分曲线。
- split at plane：在平面交叉位置切分曲线。
- smooth：光顺曲线。
- extent：通过延伸指定距离，使已有节点、点、曲线/曲面边界或曲面的方式延伸曲线。

5) 曲面(Surfaces)

- delete：删除曲面。
- trim：使用点、曲线、曲面或平面切割曲面。
- untrim/unsplit：清除曲面上若干条切分线，即合并曲面。
- offset：在保持模型拓扑连续性的基础上沿曲面法线方向偏移曲面。
- extend：延伸曲面边界，直至其他曲面交叉处。
- shrink：收缩所有曲面边界。
- defeature：去除小孔、曲面倒圆、曲线倒圆及重复曲面。
- midsurfaces：修改并编辑已抽取的中面。
- surface edges：合并、压缩、反压缩及缝合曲面边界。
- washer：使用闭合自由边界或共享边的偏移特征切割曲面。
- autocleanup：进行几何自动清理操作，为划分网格做准备。
- dimensioning：修改曲面间的距离。
- morphing：与曲面相关联的节点位置，也随曲面变形而发生改变。
- permute：转换曲面所属坐标系。

6) 实体(Solids)

- trim：使用节点、曲线、曲面或平面切割实体。
- merge：合并两个或两上以上实体，形成一个实体。
- detach：分离连接的实体。
- boolean：对实体执行复杂的合并或切割操作，即布尔运算。

6．几何查询

HyperMesh 中可通过多种方式查询几何模型。下面将列举 HyperMesh 中可实现的几何查询方法。

1) 节点(Nodes)

- card editor：根据载入的不同模板，卡片编辑器可以用来查看节点信息。

- distance：查询节点间距离。
- angle：查询 3 个节点间角度。
- organize：移动节点到不同集合。
- numbers：显示节点编号。
- count：统计全部或显示的节点数量。

2) 自由点(Free Points)

相应的几何查询操作同"节点"(略)。

3) 硬点(Fixed Points)

相应的几何查询操作同"节点"(略)。

4) 曲线(Lines)

- length：查询选择曲线/曲面边界长度。

5) 曲面(Surfaces)

- normal：查询选择曲面法线。
- area：查询选择曲面的面积。

6) 实体(Solids)

- volume：查询选择实体的体积。

项目 1

创建与删除节点

 学习目标

- ❖ 在给定坐标(x, y, z)处创建节点
- ❖ 在圆弧或圆的中心处创建节点
- ❖ 在直线的中点和端点处创建节点
- ❖ 在两线交点处创建节点
- ❖ 测量两点间距离和三点间角度

项目 1

重点、难点

- ❖ 创建圆弧中心节点
- ❖ 删除临时节点
- ❖ 角度测量

1．项目说明

图 1-1 所示是仅由线(lines)组成的几何模型，在其上创建 7 个节点。

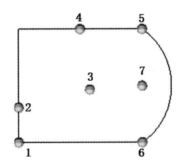

图 1-1　由线组成的几何模型

2．项目规划

HyperMesh 创建节点共有 6 种基本方式，其图标如图 1-2 所示。下面分别采用这 6 种

方式分别创建一个节点。

图 1-2　创建节点的图标

3．项目实施

(1) 在工具栏中单击 Import Geometry ，选择文件 Pro01.iges，导入几何模型。

(2) 在主页面单击 Geom → nodes，进入节点创建面板。

(3) 单击 ，在 x、y、z 文本框内输入节点坐标值(0, 0, 0)。

(4) 单击 On Geometry ，按下鼠标左键。当鼠标逼近几何元素时呈高亮显示，在要创建节点处抬起鼠标，单击 create 按钮。

(5) 单击 Arc ，将选择器设置为 lines，选择弧或圆，单击 create 按钮。

(6) 单击 Extract on Line ，在线的端点或中间创建节点，选择相应的线，单击 create 按钮。

(7) 单击 Intersect Nodes ，在两线的交点处创建节点，选择两条相交的线，单击 create 按钮。

(8) 单击 Interpolate Nodes ，在节点间创建节点，选择两端的节点，单击 create 按钮。

(9) 在工具栏上单击 Displayed Numbers ，将对象选择器设置为 nodes，右键单击选择器的 nodes，选择 displayed，单击 on 按钮，显示节点的索引号(ID)，结果如图 1-1 所示。

(10) 在主页面单击 Geom → distance，进入测距面板，测量两节点间距和三节点间角度。

(11) 在主页面单击 Geom → temp nodes，进入临时节点面板，选择要删除的节点，单击 clear 按钮。

4．项目小结

(1) 节点不仅仅在这一面板可以创建，在其他面板也可以创建。例如，temp nodes 面板可在线上任意位置创建节点。

(2) 节点的编号可以通过进入 Tool → renumber 面板加以重新排号。

❖❖❖❖❖　**思 考 题**　❖❖❖❖❖

1．节点是否属于几何元素？(否)

2．如何查看节点的坐标值？(工具栏 Card Edit)

3．如何测量节点间距离？(Geom → distance)

4．如何在两点之间(或一条线的中点)创建等分点？(Geom → nodes → Interpolate Nodes)

✦✦✦✦ **练 习 题** ✦✦✦✦

导入如图 1-3 所示的几何模型，快速地在顶表面中心创建一个节点。(Interpolate Nodes 或 Interpolate on Surface)

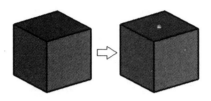

图 1-3　在顶面中心创建一个节点

项目2

创建五角星

 学习目标

- ❖ 创建线(直线、曲线、圆弧、圆等)
- ❖ 编辑线(打断、延伸、删除等)
- ❖ 测量线的长度

项目2

重点、难点

- ❖ 重点：掌握创建圆和用线切分线
- ❖ 难点：如何在圆周上创建均布的节点

1. 项目说明

绘制如图 2-1 所示的平面五角星。

图 2-1 平面五角星

2. 项目规划

HyperMesh 创建线共有 15 种主要方式，其图标如图 2-2 所示。

图 2-2 创建线的图标

针对本项目仅用到了上述 15 种主要方式的部分功能，主要步骤如下：

(1) 创建一个圆。

(2) 创建 5 个临时节点，均匀分布在圆周上。

(3) 在两点间创建直线。

(4) 在直线交点处打断直线。

(5) 删除中央的 5 条线及圆。

(6) 由封闭的五角星边线创建面。

(7) 设置颜色。

3. 项目实施

STEP01　在 xy 平面上创建一个圆

(1) 在主页面单击 Geom → nodes，进入节点创建面板。

(2) 单击 ，分别在 x、y、z 文本框内输入节点坐标值(0, 0, 0)。

(3) 在主页面单击 Geom → lines，进入线创建面板。

(4) 单击 Circle Center and Radius ，对象选择器设置为 nodes list，选取上面创建的节点，将方向选择器设置为 z-axis，在 Radius 文本框内输入 50.0。

(5) 单击 create 按钮，在 xy 平面内创建一个圆。

(6) 单击 return 按钮，返回主页面。

STEP02　在圆周上创建均匀分布的 5 个节点

(1) 在主页面单击 Tool → project，进入投影面板。

(2) 选择 to line 子面板。

(3) 对象选择器设置为 nodes，选取圆心节点，右键单击 nodes，并选择 duplicate，激活 line list 选择器，选择上面的圆弧，将方向选择器设置为 y-axis。

(4) 单击 project 按钮，将刚刚复制的节点按 y 方向投影到圆周上，其结果如图 2-3 所示。

图 2-3　将圆心节点投影到圆周上

(5) 单击 return 按钮，返回主页面。

(6) 在主页面单击 Tool → rotate，进入旋转面板。

(7) 将对象选择器设置为 nodes，选择圆周上的节点，右键单击 nodes 并选择 duplicate，将方向选择器设置为 z-axis，激活基点，选择圆心节点，在 angle = 文本框内输入 360.0。

再次右键单击文本框空白处，弹出计算器，单击 5，然后单击除号"/"，再单击 enter 按钮。单击 exit 按钮，最后，退出计算器，这时文本框内数值为 72.0。

(8) 重复步骤(7)，创建另外 3 个节点，如图 2-4 所示。

(9) 单击 return 按钮，返回主页面。

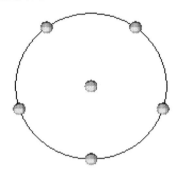

图 2-4　5 个均匀分布的节点

STEP03　在节点间创建直线

(1) 在主页面单击 Geom → lines，进入创建线面板。

(2) 单击 Linear Nodes △，选择圆周上的相应节点进行连线，结果如图 2-5 所示。

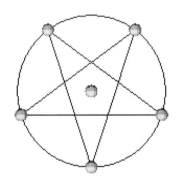

图 2-5　节点连线结果

(3) 单击 return 按钮，返回主页面。

STEP04　删除多余的线

(1) 在主页面单击 Geom → lines edit，进入线编辑面板。

(2) 选择 split at line 子面板，激活对象选择器 lines，选择要切割的线(可选多条)，激活 cut line，选择切割线进行切割(只允许选一条)。

(3) 重复步骤(2)，将每条线都切割成三段。

(4) 单击 return 按钮，返回主页面。

(5) 在主页面单击 Geom → temp nodes，进入节点编辑面板，单击 clear all 按钮，删除所有节点。

(6) 单击工具栏上 Delete ✖，将中央 5 段线和圆周删除。

(7) 单击 return 按钮，返回主页面。

STEP05　创建面

(1) 在主页面单击 Geom → surfaces，进入面创建面板。

(2) 单击 Spline/Filler ![icon]，取消 Auto create(free edges only)复选框，将对象选择器设置为 lines，右键单击 lines，选择 displayed，单击 create 按钮。

(3) 单击工具栏上 Rotate Clockwise ![icon]，将图形转正，结果如图 2-1 所示。

4．项目小结

(1) 本项目使用 rotate 旋转功能处理的对象是节点，对于其他对象也适用，如线、面、体、单元等。使用该功能一般要复制(duplicate)一份，目的是将拷贝旋转到相应位置而原始对象不动。如果不进行复制，移动的则是原始对象。

(2) 在输入数值的任何地方 HyperMesh 都可以使用计算器，其采用的是逆波兰式的输入方式。

(3) 图形每次旋转角度的大小，可通过快捷键<O>(Option)设置。该快捷键是快捷键中最重要的一个，需牢记。一方面，因为 Option 不需退出当前面板就可进行相应的操作，之后回到原面板；另一方面，其功能在菜单栏 Preferences → Options 中难以被找到。

(4) 不仅节点有编号，其他几何元素和非几何元素也均有编号，如线、面、体、单元、方程等。

(5) 线、面、单元等不仅有编号(ID)，还有方向。进入 Tool → normals 面板，可以对其进行观察与修改。单元方向对有限元加载与结果分析会产生重大影响。

✦✦✦✦✦ 思 考 题 ✦✦✦✦✦

1．如何将对象(如一条线)移到另一个组件中？(Organize ![icon]，或 → duplicate + delete)

2．如何显示线的控制柄 geometry handle?(菜单栏 Preferences→Graphics，或快捷键<O>)

3．如何显示线的方向？(Visualization Options ![icon])

4．如何测量线的长度？(Geom → length)

5．如何延伸一条线至另一条线(面)？(Geom → line edit → extend line)

6．如何将两条线合并为一条线？(Geom → line edit → combine)

7．如何过已知节点作某线(面)的垂直线？

(1) Geom → surface edit → trim with nodes → node normal to edge。

(2) Geom → line → Normal to Geometry ![icon]。

(3) Geom → quick edit → split surf-line。

8．如何将 automesh 面板命令添加到 Geometry 面板中？

(1) 在主页面 Tool → build menu 进入菜单修改面板。

(2) 选择 Geom，左键激活 blank，呈现蓝色框。

(3) 单击 automesh，这时 blank 出现 automesh，单击 exit 按钮退出，完成设置。

(4) 如果删除，单击绿色 delete 按钮，再单击 insert 按钮，插入 blank 即可。

(5) 如果完全恢复到软件默认设置，单击绿色 restore 按钮。

✦✦✦✦　练 习 题　✦✦✦✦

1. 绘制出立体五角星，如图 2-6 所示。(在空间创建一个节点)

图 2-6　立体五角星

2. 绘制出如图 2-7 所示的图形。(Geom → surfaces edit → shrink)

图 2-7　几何图形

项目 3

创建面(槽扣)

 **学习目标**

❖ 创建面(平面、曲面)
❖ 编辑面(切割、合并、删除等)
❖ 创建线、面的圆角

重点、难点

❖ 重点：掌握对线、面倒圆角
❖ 重点、难点：掌握面的切割与删除
❖ 重点：掌握镜像操作
❖ 难点：获取已有曲面的边界线

项目 3

1. 项目说明

创建如图 3-1 所示的槽扣几何模型。

图 3-1　槽扣几何模型

2. 项目规划

HyperMesh 创建面共有 13 种主要方式，其图标如图 3-2 所示。

图 3-2　创建面的图标

薄板件(钣金)一般可采用线拉伸方法创建，这里就使用该方法进行创建。同时，注意到该模型是对称结构，先创建一半，然后进行镜像，其具体步骤如下：

(1) 创建曲面的边线。

(2) 由线拉伸创建曲面。

(3) 对曲面进行镜像操作。

(4) 由面获取其边界线，并对边界线进行倒圆角。

(5) 创建 4 个圆，并对曲面进行切割。

(6) 删除多余的面。

3. 项目实施

STEP01　创建曲面的边线

(1) 在主页面单击 Geom → nodes，进入节点创建面板。

(2) 单击 ![图标]，在 xy 平面内创建 4 个节点，坐标值分别为(0, 0)、(50, 0)、(50, −80)和(90, −80)。

(3) 在主页面单击 Geom → lines，进入线创建面板。

(4) 分别选择上述节点，创建三条线，如图 3-3 所示。

(5) 单击 Fillet ![图标]，进入线倒圆角创建面板。

(6) 勾选 Trim original lines 复选框，选择上述三条线，创建两个圆角，如图 3-4 所示。

图 3-3　三条独立的线　　　　　　图 3-4　创建圆角

(7) 选择 combine 子面板，将所有线合并为一条线。

(8) 在主页面单击 Geom → temp nodes，进入节点删除面板，单击 clear all 按钮，删除所有临时节点。

(9) 单击 return 按钮，返回主页面。

STEP02　通过拉伸创建曲面

(1) 在主页面单击 Geom → surfaces，进入面创建面板。

(2) 单击 Drag along Vector ![图标]，选择所有线，同时勾选 Merge input lines，在 Distance 文本框内输入 50.0。

(3) 单击 drag- 按钮，向 z 轴负方向拉伸曲面，结果如图 3-5 所示。

(4) 在主页面单击 Tool → reflect，进入镜像面板，将对象选择器设置为 surfs，选择面，右键单击选择器 surfs，依次选择 duplicate、original comp。

(5) 将方向选择器设置为 x-axis，激活基点 ![B 图标]，在对称线上任选一点。

(6) 单击 reflect 进行镜像。

(7) 在主页面单击 Geom → edge edit，进入边界编辑面板。

(8) 选择 toggle 子面板，通过 toggle 去除中间的直线，将两个面合并为一个面，如图 3-6 所示。

(9) 单击 return 按钮，返回主页面。

图 3-5　由线拉伸出的曲面

图 3-6　镜像后的曲面

STEP03　获取曲面边界线

(1) 右键单击标签域 component → Create，创建一新组件。

(2) 输入组件名 my_lines，该组件被自动设置为当前工作组件。

(3) 在主页面单击 Geom → surface，进入面创建面板，选择图标 ，右键单击 line，选择 displayed。

(4) 再次右键单击 line，并选择 duplicate，在弹出的菜单中选择 current comp，将选中的线复制一份，放在当前工作组件 my_lines 中。

注：步骤(3)、(4)，可通过使用 Geom → lines → Extract Edge 直接获得面的边界线。

(5) 在标签域内隐藏原有几何图形，如图 3-7 所示。

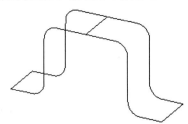

图 3-7　面的边框曲线

STEP04　曲线倒圆角

(1) 在主页面单击 Geom → line edit，进入线编辑面板。

(2) 选择 split at point 子面板。

(3) 在图 3-8 所示的直线处，将两条长边界线打断，以便创建圆角。

(4) 按照 STEP01 的方法倒出 4 个圆角，如图 3-9 所示。

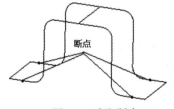

图 3-8　选取断点

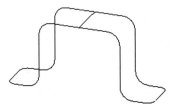

图 3-9　圆角角后的边框曲线

(5) 根据前面所学方法，在 4 个角处创建 4 个直径为 10.0、距离边界为 5.0 的圆，如

图 3-10 所示。

(6) 在标签域内取消隐藏，如图 3-11 所示。

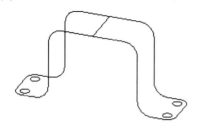

图 3-10　创建出 4 个圆

图 3-11　面与线同时显示的几何模型

STEP05　切割曲面

(1) 在主页面单击 Geom → surface edit，进入面编辑面板。

(2) 选择 trim with lines 子面板。

(3) 在 with lines 下选择所有面。

(4) 激活 lines 对象选择器，选择 4 段圆弧和 4 个圆。

(5) 单击 trim 按钮，切分曲面。

(6) 在标签域内删除 my_lines 组件，在图形区内删除 4 个角，结果如图 3-1 所示。

(7) 单击 return 按钮，返回主页面。

4. 项目小结

(1) 本项目可先对线倒圆角，也可进入 Fillet 对面进行倒圆角。

(2) 通常可先切割后镜像，而本项目采用的是先镜像后切割。

(3) 面板功能说明如图 3-12 所示。

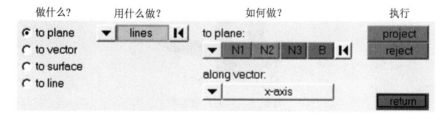

图 3-12　面板功能说明

✦✦✦✦✦　**思 考 题**　✦✦✦✦✦

1. 在标签域内 Component 有何作用？(是一个存放几何或单元元素等的存储器)

2. 如何查看与修改面的正反面？(Tool → normals)

3. 如何隐藏蓝色的压缩边？(Visualization Options 🖥)

4. 如何在 xy 平面上快速创建一个 100 × 100 的平面？(Geom → surface → Square ▦)

5．如何用已存在体的某个面来创建另一个面？(Geom → surface → skin)

✦✦✦✦ 练 习 题 ✦✦✦✦

1．如图 3-13 所示，如何将一个面延伸至另一个面？(Geom → surface edit → extend)

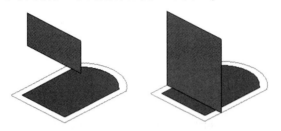

图 3-13 　延伸一个面至另一个面

2．创建图 3-14 所示的端盖几何模型。

图 3-14 　端盖几何模型

3．创建图 3-15 所示的书架几何模型。

图 3-15 　书架几何模型

项目 4

创建带孔立方体

 **学习目标**

- ❖ 创建体(拉伸、旋转、扫描等)
- ❖ 编辑体(切割、合并、删除等)

 **重点、难点**

- ❖ 重点：掌握通过拉伸创建体
- ❖ 重点、难点：掌握体的切割
- ❖ 重点：掌握删除体及其关联的面
- ❖ 重点：掌握体的合并

项目 4

1．项目说明

创建如图 4-1 所示的带孔立方体。

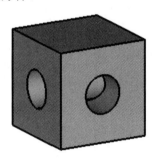

图 4-1　带孔立方体

2．项目规划

HyperMesh 创建体共有 9 种主要方式，其图标如图 4-2 所示。

图 4-2　创建体的图标

体一般可通过面的拉伸、旋转、扫描，或由封闭的面生成等方式，而本项目使用拉伸完成体的创建，其具体步骤如下：

(1) 创建六面体的一个面。

(2) 通过拉伸形成六面体。

(3) 使用线对体进行切割，切割出两个圆柱体。

(4) 删除两个圆柱体。

3. 项目实施

STEP01　创建立方体

(1) 在主页面单击 Geom → surface，进入面创建面板，创建一个如图 4-3 所示的 100 × 100 的面。

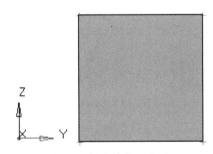

图 4-3　创建体的一个面

(2) 单击 Drag along Vector ▣，将方向选择器设置为 x-axis，在 Distance 文本框内输入 100.0，单击 drag+ 按钮，结果如图 4-4 所示。

(3) 单击 return 按钮，返回主页面。

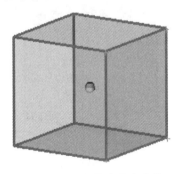

图 4-4　由面拉伸出的立方体

STEP02　切割立方体

(1) 在主页面单击 Geom → lines，进入线创建面板。

(2) 单击 Circle Center and Radius ◎，以中心点为圆心创建两个圆，分别与立方体表面平行。

(3) 单击 return 按钮，返回主页面。

(4) 在工具栏上单击 By Topo ▼ 和 ▼，以拓扑和几何面(含边框)模式显示图形。

(5) 在主页面单击 Geom → solid edit，进入体编辑面板。

(6) 选择 trim with lines 子面板，激活 with sweep lines 下的选择器，设置为 solid，选择立方体，激活下面的 lines，并选择一个圆。

(7) 单击 trim，切割出一个圆柱体。

(8) 重复上述步骤，做另一孔的切割，如图 4-5 所示。

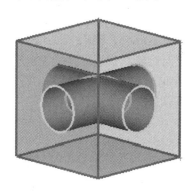

图 4-5　切割出两孔的立方体

(9) 单击 return 按钮，返回主页面。

STEP03　删除两个圆柱体

(1) 在工具栏上单击 Delete ✖，并将对象选择器设置为 solids。

(2) 勾选 delete bounding surfaces，选取两个圆柱体。

(3) 单击 delete 按钮，删除两个圆柱体。

(4) 将选择器分别设置为 lines 和 surfaces，删除所有的线和面，结果如图 4-1 所示。

(5) 单击工具栏上的 Geometry Transparency ⬛，调整体的透明度。

4．项目小结

(1) 体与面的区别：边线为粗线的是体，如图 4-6(a)所示，而细线则是由面围成的，如图 4-6(b)所示。

(2) 可通过工具栏上的工具 Auto ▼ ▼ ▼ ⬛ ，切换各种显示方式。

(3) 体编辑面板还有体与体之间分离(detach)处理及布尔运算等操作。

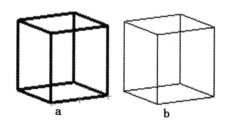

图 4-6　体与面的区别

注意：由于精度问题和创建方式不同，有可能无法切割出两个圆柱，改用外表面作圆，就可克服这一问题。

✦✦✦✦ 思 考 题 ✦✦✦✦

1．如何调整几何体(面)的透明度？(工具栏 Geometry Transparency)

2．如何快速创建圆柱体？(Geom → solids → Cylinder Full 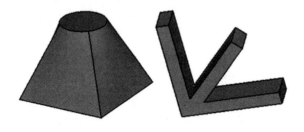)

3．如何快速创建一个球体？(Geom → solids → Sphere Center and Radius)

4．节点(Nodes)、自由点(Free Points)、硬点(Fixed Points)有何区别？

(1) 节点：是最基本的有限元对象，代表结构的空间位置，并用于定义单元的位置和形状。同时，它也是用于创建几何对象时的辅助对象。根据网格(单元)的显示模式，节点显示一个圆或球，通常情况下默认颜色为黄色。

(2) 自由点：是一种在空间中不与任何曲面相关联的零维几何对象，通过"×"来表示，其颜色取决于所属的组件集合。这种类型的点通常应用于定义焊接点或连接点的位置。

(3) 硬点：是指与曲面关联的零维几何对象，其颜色取决于所关联曲面的颜色，通过"○"表示。划分网格时，automesher 将在待划分曲面上的每个硬点位置创建节点。位于 3 个或 3 个以上非压缩边的连接处的硬点为顶点。这类硬点不可压缩，但要注意在使用单元优化(element optimize)时可能会将节点移离硬点(实际上最好不移离硬点，如果移离硬点，则单元模型会偏离几何模型)。在工具栏上可通过 ▧ 切换硬点显示与否。

✦✦✦✦ 练 习 题 ✦✦✦✦

分别创建如图 4-7 所示的两个几何体。(工具栏 Geometry Transparency)

图 4-7　几何模型

项目 5

几何清理边界线

 学习目标

❖ 查找、删除重复面
❖ 缝合间隙
❖ 修补缺损面
❖ 删除自由点

重点、难点

❖ 重点：缝合间隙、查找重复面
❖ 难点：识别重复面与修补缺损面

项目 5

1. 项目说明

对如图 5-1 所示的几何模型进行简化，即几何清理。

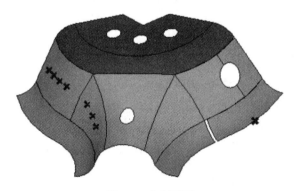

图 5-1　几何模型

2. 项目规划

HyperMesh 有关边界线共有 4 种类型，分别是自由边、共享边、T 形边和压缩边。通过本项目的学习，读者可以掌握如何对它们进行识别与编辑。

3．项目实施

STEP01　查找并删除重复面

(1) 在工具栏中单击图标 ，导入几何模型文件 Pro05.iges。

(2) 切换为拓扑 By Topo 及线框 显示模式，观察图形可以分辨出自由边(红色)、共享边(绿色)、T 形边(黄色)和压缩边(蓝色)。(这些是系统默认的颜色)

(3) 在主页面单击 Tool → numbers，进入编号面板。

(4) 将对象选择器设置为 surfs，单击 surfs，在弹出的窗口中选择 displayed，单击 on 按钮，如图 5-2 所示。注意：黄色边线的 8 号面为重复面，而 3 号面没有呈现。

(5) 单击 return 按钮，回到主页面。

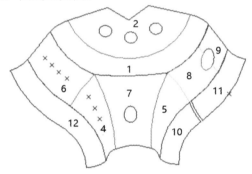

图 5-2　面的编号显示

STEP02　删除重复面

(1) 在主页面单击 Geom → defeature，进入特征编辑面板。

(2) 选择 duplicates 子面板，单击对象选择器 surfs，在弹出的窗口中选择 displayed。

(3) 单击 find 按钮，8 号呈高亮显示，如图 5-3 所示。同时，注意状态栏提示为"I duplicated surface were found."。

(4) 单击 delete 按钮，8 号面消失，同时呈现出 3 号面。

(5) 单击 return 按钮，返回主页面。

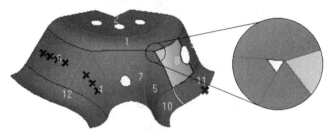

图 5-3　重复面 8 呈高亮显示

STEP03　缝合间隙

(1) 在主页面单击 Geom → edge edit，进入边界编辑面板。

(2) 选择 toggle 子面板，单击红色自由边(小缝隙)，将缝隙(非闭合曲线)缝合。

(3) 选择 replace 子面板，处理大间隙。

(4) 分别选择 11 号和 10 号面相邻的边线，11 号面的边线被替代，转换为共享边。

(5) 单击 return 按钮，返回主页面。

STEP04　修补缺损面

(1) 放大图形会发现在 1 号、7 号、5 号、3 号面之间有一个三角形缺损面(闭合边线)，如图 5-3 所示。

(2) 单击 Geom → surfaces → Spline/Filler　，打开创建曲面的子面板。

(3) 取消选择 Keep tangency 复选框，通过使用 Keep tangency 功能可以保证新创建的面与相邻面平滑过渡。

(4) 将对象类型 entity type 设置为 lines。

(5) 勾选 Auto create(free edges only)复选框，Auto create 选项可以简化缺失面边线的选取过程。一旦选中一条线，HyperMesh 将自动选取闭环回路中剩下的几条边线，然后创建以闭环曲线围成的曲面来修补缺损面。

(6) 选择缺口处的一条边线，HyperMesh 将自动创建面，填充这个缺口。

(7) 选择 toggle 子面板，将角上一条共享边 toggle 转化为压缩边(蓝色虚线)。

STEP05　删除自由点

(1) 单击 Delete　，将对象选择器设置为 point，单击 point，并在弹出的窗口中选择 displayed，单击 delete 按钮，将窗口显示的所有自由点删除。

(2) 单击 return 按钮，返回主页面。

STEP06　重新编号

(1) 在主页面单击 Geom → renumber，进入重新编号面板。

(2) 右键单击对象选择器 surfs，选择 displayed。

(3) 在各文本框内分别输入：start with = 1，increment by = 1，offset = 0。

(4) 单击 renumber 按钮，注意状态栏上提示共 11 个面，结果如图 5-4 所示。

(5) 单击 return 按钮，返回主页面。

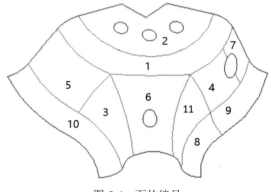

图 5-4　面的编号

4．项目小结

(1) 自由边：只属于一个曲面，默认颜色为红色。在一个经过几何清理的几何模型中，自由边通常只存在于部件的外周或者环绕在内部孔洞的周围。

(2) 共享边：为两个相邻曲面所共有，默认颜色为绿色。

(3) 压缩边：为两个相邻曲面所共有，但在划分网格时被忽略，不会生成节点，默认颜色为蓝色。

(4) T 形边：表示曲面的边界被 3 个或 3 个以上的曲面所共享，默认颜色为黄色。

(5) 如果自动设置，曲面和边界几何的复杂性将加以考虑，并自动指定一个容差，以保证共享边的数目最大化。如果手动指定，则这个参数必须大于默认值，几何读入程序仅修复指定容差范围内的模型。

(6) 增加容差值可能会产生意想不到的结果。修改这个参数后，任何等于或小于这一参数的特征将被清除。读入的模型将不存在长度小于这个参数的边界。如果某些边界相对曲面而言很重要，它们的清除将造成曲面的扭曲或不恰当的切割，与此类似，边长小于这一数值的曲面将不会被输入。

(7) 如果输入的模型包含很多长度较小的边，此时推荐使用较大的容差重新导入模型。如果显示曲面边界后，曲面呈现"外翻"现象，这一操作就会同样有效。

(8) 几何清理容差(Geometry Cleanup Tolerance)操作是指通过创建恰当的拓扑关系、模型简化和清理无关顶点的方法，修复几何数据。该容差将决定 HyperMesh 在手动或自动修复过程中修改模型的程度。几何模型与网格模型相近似，因此要求几何清理容差必须小于划分网格时的节点容差。

(9) 容差值不能大于网格划分的节点容差，节点容差可通过 options 面板设置，通常容差设置为单元尺寸的 15%～20%。

$$\diamondsuit\diamondsuit\diamondsuit\diamondsuit\diamondsuit \quad 思 \ 考 \ 题 \quad \diamondsuit\diamondsuit\diamondsuit\diamondsuit\diamondsuit$$

为何要进行几何清理？何时进行？(优化拓扑结构，提高划分网格质量；分网前进行)

$$\diamondsuit\diamondsuit\diamondsuit\diamondsuit\diamondsuit \quad 练 \ 习 \ 题 \quad \diamondsuit\diamondsuit\diamondsuit\diamondsuit\diamondsuit$$

分别导入如图 5-5 所示的几何模型 Exer05_1.iges 和 Exer05_2.iges，并对其进行几何清理。

图 5-5　待清理的几何模型

项目 6

清理几何特征

 学习目标

- ❖ 删除面内小孔
- ❖ 查找、删除重复面
- ❖ 消除边界和面的圆角

重点、难点

- ❖ 重点：删除小孔
- ❖ 重点：去除重复面
- ❖ 重点、难点：识别重复面与缺损面

项目 6

1. 项目说明

对如图 6-1 所示的几何模型进行简化，即消除几何特征。

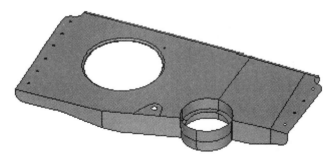

图 6-1   几何模型

2. 项目规划

HyperMesh 有关消除几何特征共有 5 种处理方式，即 pinholes、surf fillets、edge fillets、duplicates 及 symmetry，如图 6-2 所示。

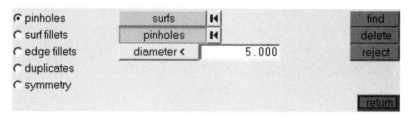

图 6-2　defeature 面板

本项目针对上述各项功能，分别加以实施。

3. 项目实施

STEP01　查找并删除重复面

(1) 打开几何模型文件 Pro06.hm。

(2) 以 By Topo 模式显示几何模型，通过图形可以观察有无重复面、缺失面或破损面。

(3) 在主页面单击 Geom → defeature，进入消除特征子面板。

(4) 选择 duplicate 子面板，在 cleanup tol= 文本框中输入 0.01，右键单击 surfs，选择 displayed。

(5) 单击 find 按钮，状态栏显示重复面的数量，重复面呈高亮显示，如图 6-3 所示。

(6) 单击 remove 按钮，删除重复面。

重复面

图 6-3　重复面呈高亮显示

STEP02　消除边界圆角

(1) 选择 edges fillets 子面板。

(2) 右键单击选择器 surfs，选择 displayed，设置 min radius 1.0 和 max radius 20.0。

(3) 单击 find 按钮，符合上述条件的边界圆角呈高亮显示，如图 6-4 所示。

(4) 单击 remove 按钮，消除圆角，即将圆角转换为直角，如图 6-5 所示。

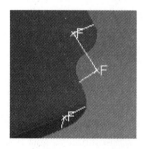

图 6-4　高亮显示的边界圆角

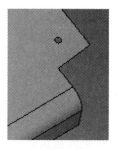

图 6-5　消除圆角后转换为直角

STEP03　消除面的圆角

(1) 选择 surf fillets 子面板。

(2) 将选择器设置为 surfs 按钮，单击 surfs 按钮，在弹出的窗口中选择 displayed。

(3) 分别在 min radius 文本框内输入 0.1，max radius 文本框内输入 5.0。

(4) 单击 find 按钮，符合上述条件的曲面圆角呈高亮显示，如图 6-6 所示。

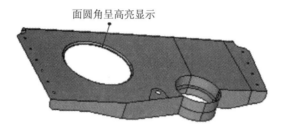

图 6-6　面圆角呈高亮显示

(5) 单击 remove 按钮，将圆角转换为直角。

STEP04　删除小孔

(1) 选择 pinholes 子面板。

(2) 将选择器设置为 surfs，单击 surfs 按钮，在弹出的窗口中选择 displayed。

(3) 在 diameter< 文本框中输入 5.0。

(4) 单击 find 按钮，直径小于 5.0 的小孔呈高亮显示，如图 6-7 所示。

(5) 单击 delete 按钮，删除小孔。

(6) 单击 return 按钮，返回主页面。

图 6-7　小孔呈高亮显示

4. 项目小结

(1) 对于查找到的元素(线、面、小孔等呈白色显示)右键单击可取消对该元素的选取，而对于那些不符合条件的元素，右键单击却是加入一起处理，也就是左、右键反选。

(2) 小孔删除后在圆心处留下硬点，通常在分网前仍需删除。

(3) HyperMesh 的几何模型一般多从 Pro/E、UG、SolidWorks、CATIA 等三维 CAD 软件导入。在导入 CAD 模型进行有限元分析(FEA)时，要考虑有限元分析对几何模型的要求与 CAD 的不同。CAD 模型需要精确的几何表述，通常会包含某些细微特征(如倒圆、小孔)，而进行有限元分析时，如果要准确模拟这些特征，需要用到很多小单元，导致求解时间延长。通常 FEA 只需要简化的几何模型，因此需要对模型部件的一些细节信息进行简化，便于网格划分和分析。此外，模型的一些几何信息在导入时可能会出错。如导入曲面数据时，可能会存在缝隙、重叠、边界错位等缺陷，导致单元质量不高、求解精度差。

(4) 在 CAD 模型导入后，进行网格划分之前，需先进行必要的几何清理工作。通过消除边界错位和小孔，压缩相邻曲面之间的边界，改正模型在导入时出现的错误(如重复面、缺失面)等，并消除不必要的细节，最后产生一个简化的几何模型，以便于网格划分和分析。

(5) 确保网格间的正确连接，获得满意的网格样式和质量，从而提高整个网格划分的速度和质量，提高计算精度。

✦✦✦✦ 思 考 题 ✦✦✦✦

1. 几何清理容差表示什么？如何设定其值？(通常为网格尺寸的 20%)

2. 为何一般都要消除倒圆角？在什么情况下消除？(提高网格质量，不关心圆角处的应力)

项目 7

抽 取 中 面

 学习目标

- ❖ 抽取中面
- ❖ 编辑中面
- ❖ plate edit 面板的使用

 重点、难点

- ❖ 重点：抽取中面，消除小特征对中面抽取的影响
- ❖ 难点：plate edit 面板的使用

项目 7

1．项目说明

对图 7-1 所示的几何模型抽取中面。

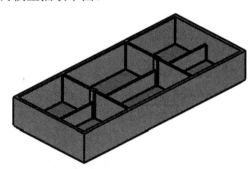

图 7-1　几何模型

2．项目规划

HyperMesh 有一种自动抽取中面的功能 auto midsurface。本项目的模型是一个带有中孔的箱体，通过这一项目的实施来掌握如何自动抽取中面。抽取中面前，需先消除小孔的影响，其具体步骤如下：

(1) 抽取中面。
(2) 合并筋板。
(3) 消除小孔对中面的影响。

(4) 再次抽取中面。

3. 项目实施

STEP01　使用拓扑模式观察模型，并通过渲染检查模型完整性

(1) 打开模型文件 Pro07.hm。

(2) 在主页面单击 Geom → midsurface，进入抽取中面面板，选择 auto midsurface 子面板。

(3) 将对象选择器设置为 surfs，将其下面的属性开关设置为 closed solid。

(4) 选取任意一个面，单击 extraction options···按钮。

(5) 面板切换为选项设置面板，将开关设置为 insert planes，并单击 return 按钮。

(6) 选择任意一个面，单击 extract 按钮。这时标签域自动出现名为 Middle Surface 的当前工作组件。

(7) 在标签域内隐藏 Body1，只显示所抽取的中面，中面几何模型如图 7-2 所示。

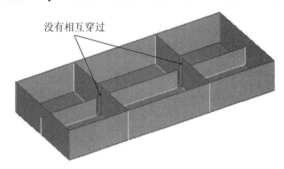

图 7-2　中面几何模型

STEP02　使用钣金编辑面板处理中面缝隙

(1) 在标签域内显示 Body1，并将显示模式切换为 mixed。

(2) 单击 plate edit 按钮，面板切换为钣金编辑面板。

(3) 在标签域内隐藏 Body1 和 Middle Surface，如图 7-3 所示。

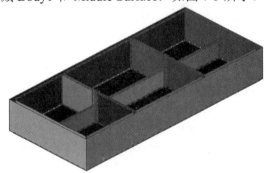

图 7-3　外表面组成的几何模型

(4) 激活 full plate selector 下的 surfs，先左键单击选取最前的绿色面，再右键单击将其隐藏，用同样方法将其他 3 个外围面隐藏，如图 7-4 所示。本步骤只是为了观察、操作方

便，也可不做。

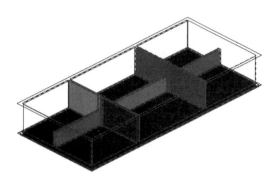

图 7-4　隐藏 4 个外围面

(5) 将中间 3 块分离的板选中，单击 merge plates 按钮。这时 3 块板变为同一颜色，表明合并成功，同时意味着已合并为同一块板，观察标签域组件的变化。

(6) 重复上述步骤将另外两块横向筋板合并，总共有 3 块筋板(两横一竖)。

(7) 单击 return 按钮，返回 auto midsurface 面板。

(8) 在标签域内删除 Middle Surface 组件。

(9) 重新抽取中面，隐藏 Body1，如图 7-5 所示。

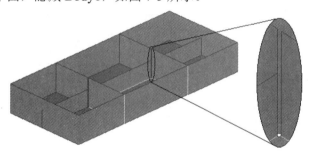

图 7-5　合并后的筋板

STEP03　再次使用钣金编辑面板消除小孔间隙

(1) 单击 plates edit 按钮，进入钣金编辑面板。

(2) 在标签域内仅保留^Not a plate side surface 一个组件，其他组件被隐藏。

(3) 激活 single surface selector 下的 surfs，选取两个孔的 4 个内表面，如图 7-6 所示。

小孔的两个面

图 7-6　选取两个孔的两个内表面

(4) 单击 not a trim surface 按钮，自动生成 1 个新的组件^Not a trim surface，结果如图 7-7 所示。

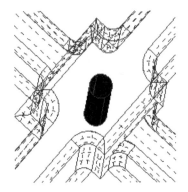

图 7-7　小孔不切分曲面

(5) 单击 return 按钮，返回中面抽取面板，删除中面。

(6) 再次重新抽取中面，结果如图 7-8 所示。

(7) 单击 return 按钮，返回主页面。

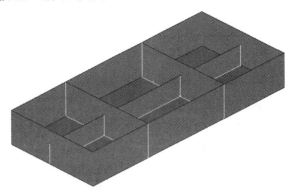

图 7-8　理想的中面几何模型

4. 项目小结

(1) CAD 几何模型往往是实体零件。所谓抽取中面，就是在零件中间创建一层曲面，便于在上面直接划分网格。这种方法可用于产生代表几何实体的有限元壳单元(2D 网格)，也可用于金属薄板冲压件、带加强筋的塑料零件，以及厚度明显小于宽度和长度的其他零件。

(2) HyperMesh 可以从复杂的几何体中自动抽出中面，这个功能可使利用 CAD 几何模型进行壳单元网格划分的过程由复杂变得简单、高效。

(3) 用来抽取中面的原几何模型是不改变的，抽取出来的中面会根据选择放置在一个新建的名为 Middle Surface 的 component 中，或者放在当前的 component 中。

(4) 中面的厚度会自动计算和保存，当然在进行有限元分析时最好在设置属性过程中就赋予准确的厚度值。

(5) 自动抽取中面需要一个封闭实体，可先用拓扑修复技巧，得到一个高质量的曲面体。对于一些复杂零件，曲面体可能需要简化，以便生成好的中面。

✦✦✦✦✦ **思 考 题** ✦✦✦✦✦

1. 在什么情况下进行中面抽取？为何要抽取中面？(板壳类，简化单元模型)
2. 中面的厚度如何给定？(HyperMesh 自动捕捉或在属性中赋予)

✦✦✦✦✦ **练 习 题** ✦✦✦✦✦

1. 将图 7-9 所示的六面体抽取两个中面。(Geom → midsurface → surface pair)

 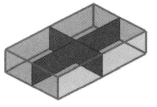

图 7-9　抽取两个中面

2. 分别导入由面构成的几何模型 Exer07_1.iges 和 Exer07_2.iges，并抽取中面，如图 7-10～图 7-13 所示。(Geom → midsurface)

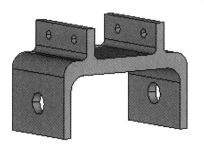 

图 7-10　几何模型一　　　　　　　　图 7-11　几何模型一的中面

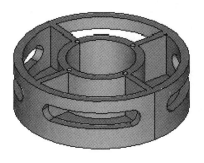 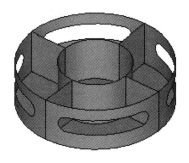

图 7-12　几何模型二　　　　　　　　图 7-13　几何模型二的中面

项目 8

几何清理并抽取中面

 **学习目标**

- ❖ 查找及显示自由边和 "T" 形边
- ❖ 平滑修补缺失面
- ❖ 批量自动缝合小间隙
- ❖ 使用替代线缝合较大间隙
- ❖ 手动缝合小间隙

重点、难点

- ❖ 重点：上述学习目标
- ❖ 难点：平滑修补缺损面

项目 8

1．项目说明

对图 8-1 所示的几何模型进行几何清理，并抽取中面。

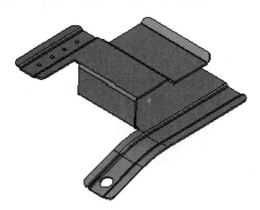

图 8-1　几何模型

2．项目规划

本项目比较复杂，既需几何清理，还需几何修补，其具体步骤如下：

(1) 检查出自由边、重复面、多余面及缺失面等。

(2) 删除重复面、多余面等。

(3) 修补间隙、修复缺失面。

(4) 缝合自由边。

(5) 抽取中面。

3. 项目实施

STEP01　以拓扑模式观察模型并通过渲染检查模型完整性

(1) 打开模型文件 Pro08.hm。

(2) 以拓扑模式观察模型是否含有错误的连接关系、缺失面或重复面等。

(3) 在主页面 Geom → auto clean up 进入自动清理面板，此时模型边界依据其拓扑状态进行渲染。

(4) 单击 Wire frame Geometry ⬙· 按钮，模型以几何线框模式显示。

(5) 单击"视图工具" ■ 按钮，视图工具控制模型表面和边界的显示方式，模型表面可以被渲染或线框化。这个菜单里的复选框控制着不同边界和硬点的显示状态。

(6) 勾选 Free 复选框，此时只有自由边显示在窗口区。

(7) 观察自由边并记住它们的位置，自由边(红色)表示此位置具有不正确的连接关系或是有间隙。注意那些闭环的自由边，这些位置可能是缺失面，如图 8-2 所示。

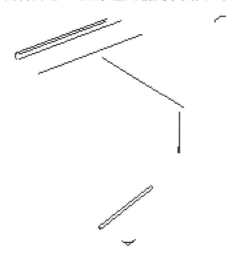

图 8-2　模型中自由边的位置

(8) 勾选 Non-manifold 复选框，观察 T 形边(黄色)的位置。T 形边是指一条边被 3 个或 3 个以上的面共享。模型中有两个闭合的 T 形边，表明在这些位置中可能含有重复面。

(9) 勾选所有复选框，单击 close 按钮，退出视图控制窗口。

(10) 单击 Shaded Geometry and Surface Edges ◗· 按钮，此时模型以渲染模式显示。

(11) 单击按钮 ⬙ By Topo ▾ ，选择以拓扑模式显示。

(12) 移动、旋转和缩放模型，找到模型不正确连接位置，如图 8-3 所示。

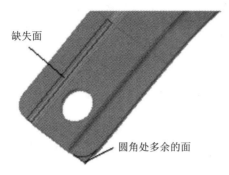

图 8-3　模型中错误的几何要素

（13）单击 Wireframe Geometry · 按钮，转换到模型以线框模式显示。

STEP02　删除圆角处突出的面

（1）在主页面单击 Geom → surface edit，进入面编辑面板。

（2）选择 trim with surfs/plane 子面板，在 with surfs 下分别选择如图 8-4 所示的两个面。

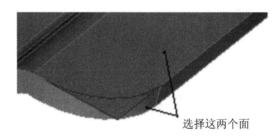

图 8-4　选择曲面裁剪

（3）单击 trim 按钮，将突出部分切割开来。

（4）单击 Delete 图标 ，进入 Delete 面板，并激活 surfs 选项。

（5）在图形区选择圆角处切割下的突出面。

（6）单击 delete entity 按钮，将突出面删除。

（7）单击 return 按钮，返回到主页面。

STEP03　创建面填补模型中较大的间隙

（1）在主页面单击 Geom → surfaces，进入面创建面板。

（2）选择 Spline/Filler ，打开由封闭线框确定曲面的子面板。

（3）取消选择 Keep tangency 复选框，使用 Keep tangency 功能可以保证新创建的面与相邻面平滑过渡。

（4）将对象类型 entity type 设置为 lines。

（5）勾选 Auto create(free edges)复选框，Auto create 选项可以简化缺失面边线的选取过程。一旦选中一条线，HyperMesh 将自动选取闭环回路中剩下的几条边线，然后创建曲面。

（6）参照图 8-3，选择缺口处的任意一条边线，HyperMesh 将自动创建面，填充这个缺口。

（7）单击 return 按钮，返回主页面。

STEP04　设置全局几何清理容差

(1) 按下快捷键<O>，进入 options 面板。

(2) 选择 geometry 子面板。

(3) 在 cleanup tol= 文本框中输入 0.01，准备一次缝合间隙小于 0.01 的自由边。

(4) 单击 return 按钮，返回主页面。

STEP05　使用 equivalence 工具一次缝合多个自由边

(1) 在主页面单击 Geom → edge edit，进入边界编辑面板。

(2) 选择 equivalence 子面板。

(3) 勾选 equiv free only 复选框，选择 surfs → all 命令，将 cleanup 默认为 0.01。

(4) 单击绿色的 equivalence 按钮，缝合模型中指定容差范围内的自由边。经过这一步，模型中大部分红色的自由边被缝合成绿色的共享边，未被缝合的自由边是因其缝隙间距大于容差上限。

STEP06　使用 toggle 工具逐个缝合自由边

(1) 选择 toggle 子面板。

(2) 在 cleanup tol= 文本框中输入 0.1。

(3) 在图形区单击任一条红色自由边，注意最好单击要保留的边。

(4) 如果有需要，可以旋转和放缩模型。当自由边被选中后，将从红色变为绿色，表示其已被缝合成共享边。

(5) 使用 toggle 工具继续缝合模型中的其他自由边。

STEP07　使用 replace 工具修复自由边

(1) 进入 replace 子面板。

(2) 激活 moved edge，选择如图 8-5 所示的左边自由边。此时 retained edge 被激活，选择右边的自由边。

(3) 在 cleanup tol= 文本框中输入 0.1。

(4) 单击 replace 按钮。当右侧自由边被选中时，HyperMesh 会自动弹出信息："Gap=(.200018).Do you still wish to toggle?"。

(5) 单击 Yes 按钮，执行缝合操作。

(6) 单击 return 按钮，返回主页面。

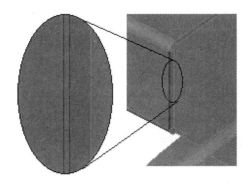

图 8-5　缝合自由边

STEP08   查找并删除重合面

(1) 在主页面单击 Geom → defeature，进入特征编辑面板。

(2) 选择 duplicate 子面板。

(3) 选择 surfaces → displayed，将 cleanup tol= 文本框设置为 0.01。

(4) 单击 find 按钮。

(5) 此时状态栏显示"2 duplicate surfaces were found."，在图形区两个重复面呈高亮显示。

(6) 单击 delete 按钮，移除所有的重合面。

(7) 单击 return 按钮，返回主页面。

(8) 使用拓扑显示模式，并渲染模型。此时，模型中所有的边界均显示为绿色的共享边，表示模型已被修复成闭合的几何体。

STEP09   使用 midsurface 工具抽取模型中面

(1) 在主页面单击 Geom → midsurface，进入中面抽取面板。

(2) 选择 auto midsurface 子面板。

(3) 选择模型的任意一个面，HyperMesh 将自动搜寻闭合曲面。

(4) 单击 extract 按钮，抽取模型中面。

(5) 模型中面创建后自动存放在名为 Middle Surface 的组件中，此时除 Middle Surface 外的组件均已呈半透明状态显示。

STEP10   观察模型中面

(1) 在标签域内隐藏模型，如图 8-1 所示，只显示中面，也可用线框显示。

(2) 在工具栏单击 transparency ⬛，进行透明度调整。

(3) 单击 comps，弹出组件多选框，选择组件 lyl10，移动 transparency 滑块，调整组件 lyl10 的透明度。

(4) 在工具栏上单击 Save Model 图标 ⬛，保存模型。

(5) 单击 return 按钮，返回主页面。

4. 项目小结

(1) 对于简单的几何模型，使用 HyperMesh 的曲面和实体创建面板可以直接生成，然而工程中的模型通常比较复杂，需要利用专业 CAD 工具生成。由于 CAD 软件(如 SolidWorks) 和 CAE 软件(如 HyperMesh)对几何的要求不一样，CAD 几何模型在导入 CAE 前处理软件时往往会有缺陷。

(2) HyperMesh 具有大多数 CAD 软件接口，避免了 CAD 格式转换导致的过多缺陷。其次，HyperMesh 具有强大的几何清理功能，可以对曲面的不连续、缺失面进行修复，对重复面进行删除等，目的是得到对 CAE 分析适用的几何模型。只有好的几何模型，才能生成高质量的网格。

(3) HyperMesh 能便于编辑几何模型，可以对曲面和实体进行切分，而且切分方式灵活，可为划分高质量的二维和三维网格做好必要的准备。

(4) 对于厚度较小、需要简化为二维网格来表达的板壳类零件来说，HyperMesh 具有强大的抽取中面功能，适用于各种复杂情形下的中面抽取，如不等厚度、"T"形边等。

(5) HyperMesh 可以自动记忆中面厚度，实现中面属性的自动创建。

(6) 在 Topo 模式下呈现黄色封闭线框的通常是重复面，而红色的是缺失面或多余面。

◆◆◆◆◆ **思 考 题** ◆◆◆◆◆

1. 几何清理中出现的红色、绿色、黄色及蓝色线分别表示什么意思? (分别表示自由边、共享边、交叉边和压缩边)

2. 黄色、红色封闭线框分别意味着什么? (一般黄色为重复面，红色为缺失面或多余面)

3. 将共享边进行压缩使之成为压缩边的目的是什么? (避免产生小边长单元)

4. HyperMesh 中如何隐藏绿色的共享边? (点击 ▇，取消复选框 ☐ ▇ Shared)

5. 如何将压缩边恢复到共享边? (左键压缩，右键恢复共享)

6. HyperMesh 中有什么工具是可以补面的? (除 Geom → surface → spline/filler 外，还可以用 spline、drag、sweep 等命令补面)

项目 9

2D 网格划分

 学习目标

- ❖ 简化几何模型
- ❖ 批量自动缝合小间隙
- ❖ 手动缝合间隙
- ❖ 硬点的压缩
- ❖ 2D 自动网格划分

 重点、难点

- ❖ 重点：上述学习目标
- ❖ 难点：平滑修补缺损面

项目 9

1. 项目说明

在项目 8 的基础上，对图 9-1 所示的几何模型进行 2D 网格划分。

图 9-1　几何模型

2. 项目规划

HyperMesh 中最重要的 2D(二维)网格划分功能就是 automesh 自动网格划分。本项目是

在项目 8 的基础上，对抽取的中面进一步简化，再进行 2D 自动网格划分，其具体操作步骤如下：

(1) 使用 automesh 自动划分网格，观察质量。

(2) 简化几何特征。

(3) 改进拓扑结构。

(4) 重新进行网格划分，并查看网格质量。

3. 项目实施

STEP01　简化模型前先对模型划分二维网格，观察网格质量

(1) 单击 Import Geometry ![icon]，导入几何模型 Pro09.igs。

(2) 在主页面单击 2D → automesh，进入 2D 自动网格划分面板。

(3) 将对象选择器设置为 surfs。

(4) 选择 size and bias 子面板。

(5) 在 element size= 文本框中输入 2.5。

(6) 设置 mesh type 为 mixed。

(7) 将面板左下侧的 meshing mode(分网方式)从 interactive 切换为 automatic。

(8) 确认选择 elems to surf comp，将创建的网格存放在面所在的组件中。

(9) 单击对象选择器 surfs，选择 displayed。

(10) 单击 mesh 生成 2D 网格，如图 9-2 所示。

(11) 单击 return 按钮，返回主页面。

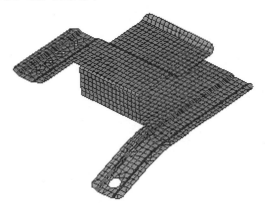

图 9-2　模型中面的二维网格

STEP02　查看网格质量

观察所生成的网格，注意不规则的、质量差的网格可以使用 check elems 面板，检查单元的最小长度。

(1) 在主页面单击 Tool → check elems，进入单元检查面板。

(2) 选择 2-d 子面板。

(3) 在 length 栏输入 1.0。

(4) 单击 length< 按钮，检查单元最小长度。有问题的单元，大多出现在模型的圆角处。

(5) 为了更好地观察单元质量，单击线框，显示图标 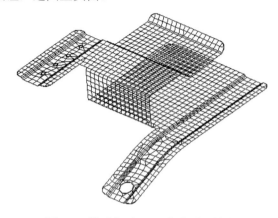，将模型以线框模式显示，模型中呈白色高亮的网格为小于 1.0 的网格，如图 9-3 所示。

(6) 在工具栏上直接进入 delete 面板，选中所有单元，单击 delete entity。

(7) 单击 return 按钮，返回主页面。

图 9-3　模型中面 2D 网格的质量检查

STEP03　移除 4 个小孔(pinholes)

(1) 在主页面单击 Geom → defeature，进入特征编辑面板。

(2) 选择 pinholes 子面板。

(3) 在 diameter< 文本框中输入 3.0。

(4) 选择 surfaces → all。

(5) 单击 find 按钮，寻找直径小于 3.0 的小孔。如图 9-4 所示，在直径小于 3.0 的圆孔中心处，以高亮符号"×P"显示。

(6) 单击 delete 按钮，删除这些小孔，取代它们的是其圆心位置的硬点。

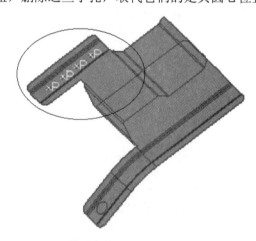

图 9-4　模型中符合搜索条件的小孔位置

STEP04　移除模型中所有面圆角

(1) 在主页面单击 Geom → defeature，进入特征编辑面板。

(2) 进入 surf fillets 子面板。

(3) 若模型没有被渲染，则单击 Shaded Geometry and Surface Edges 图标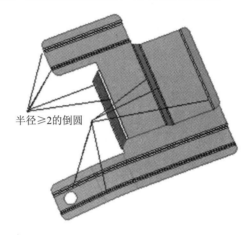

(3) 若模型没有被渲染，则单击 Shaded Geometry and Surface Edges 图标。

(4) 激活 find fillets in selected 下的 surfs。

(5) 单击 surfs，在弹出的窗口中选择 displayed。

(6) 在 min radius 文本框中输入 2.0。

(7) 单击 find 按钮，搜索模型中半径大于或等于 2.0 的面圆角，如图 9-5 所示。

(8) 单击 remove 按钮，移除这些面圆角，即转换为直角。

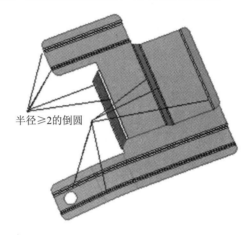

图 9-5　模型中符合条件的面圆角位置

STEP05　移除模型中所有边圆角

(1) 选择 edge fillets，进入边圆角编辑子面板。

(2) 选择 surfaces → displayed，在 min radius 文本框中输入 1.0。

(3) 设置面板下方按钮为 all，查找所有符合条件的边圆角。

(4) 单击 find 按钮，搜索模型中所有的半径大于或等于 1.0 的边圆角，用符号"×F"(Fillet)标记，如图 9-6 所示。半径线标记圆角的起点和终点。

(5) 单击 remove 按钮，删除选中的边圆角，如图 9-7 所示。

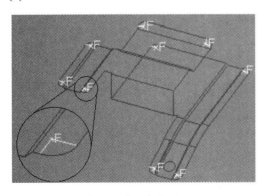

图 9-6　边圆角位置

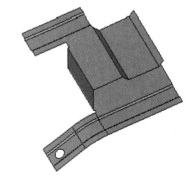

图 9-7　删除圆角后的几何模型

STEP06　对简化后的模型进行网格划分，并检查网格质量

(1) 在主页面单击 2D → automesh，进入 2D 自动网格划分面板。

(2) 选择 surf → displayed。

(3) 单击 mesh，观察网格质量，网格如图 9-8 所示。

注意：部分网格不理想，需进一步改善几何模型的拓扑结构，以便提高网格质量。

(4) 单击 reject 按钮，放弃网格划分。

(5) 单击 return 按钮，返回主页面。

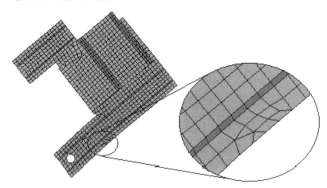

图 9-8　模型简化后二维网格

STEP07　重置硬点消除短边

(1) 在主页面单击 Geom → point edit，进入 replace 子面板。

(2) 将选择框设置为 moved points。

(3) 选择如图 9-9 所示的被代替点。

(4) 激活 retained points 按钮，选择图 9-9 中所示的保留点。

(5) 单击 replace 按钮，将两个点合并到一起。

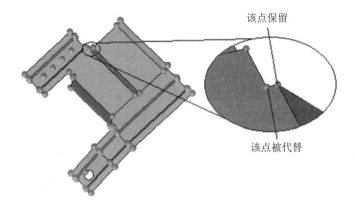

图 9-9　硬点替换

STEP08　去除面内所有硬点

(1) 在 point edit 中进入 suppress 子面板。

(2) 压缩如图 9-10 所示的 4 个硬点。

(3) 单击 return 按钮，返回主页面。

注意：这些硬点是在 defeature 操作中去除小孔时留下的。需要说明的是，在给定的单元尺寸下这 4 个硬点对单元质量的影响并不明显，是可以保留的。

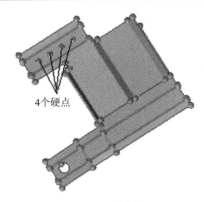

图 9-10 压缩硬点

STEP09 在曲面上添加边，以调整网格样式

(1) 选择 Geom → surface edit 或 Geom → quick edit → split surf-line，进入 trim with nodes 子面板。

(2) 激活 node normal to edge 下的 node。

(3) 放大如图 9-11 所示的区域，选择硬点。

(4) 此时 lines 选择框被激活，选择如图 9-11 所示的线。当点和线被选中后在模型硬点处将自动创建一条到所选边线的法线。

(5) 重复上述操作，选择如图 9-12 所示的点和线。

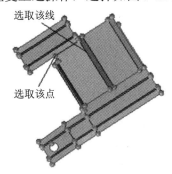

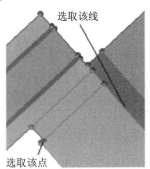

图 9-11 硬点及线位置 1   图 9-12 硬点及线位置 2

(6) 重复上述操作，选择如图 9-13 所示的点和线。

(7) 重复上述操作，选择如图 9-14 所示的点和线。

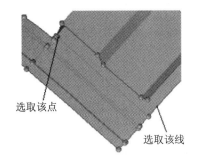

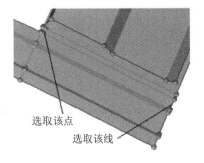

图 9-13 硬点及线位置 3   图 9-14 硬点及线位置 4

STEP10　在曲面上添加边(edges)，控制网格样式

(1) 进入 trim with surfs/planes 子面板。

(2) 激活 with plane 下的对象选择器 surfs。

(3) 选择图 9-15 所示的曲面。

(4) 设置为 z-axis 方向，并选取如图 9-15 所示的基点，如无基点可创建圆心。

(5) 单击 trim 按钮，切分曲面。

(6) 单击 return 按钮，返回主页面。

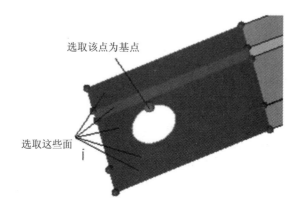

图 9-15　曲面与基点位置

STEP11　压缩共享边，避免产生小边界

(1) 在主页面单击 Geom → edge edit，进入边界编辑面板。

(2) 选择(un)suppress，进入压缩边子面板。

(3) 左键单击选择如图 9-16 所示的边。

(4) 单击 suppress，此时所选的边呈压缩状态(即在拓扑显示模式下为蓝色虚线)。

(5) 单击 return 按钮，返回主页面。

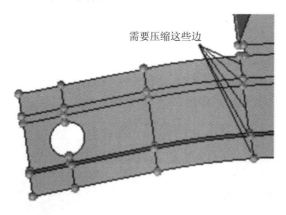

图 9-16　需要压缩的边

STEP12　重新划分网格

在交互模式(interactive)单元尺寸为 2.5、网格类型为混合型(mixed)的条件下，重新划分
网格。

(1) 在主页面单击 2D → automesh，进入 2D 自动网格划分面板。

(2) 选择 size and bias 子面板。

(3) 在 element size= 文本框中输入 2.5。

(4) 设置 mesh type 为 mixed。

(5) 将面板左下侧的分网方式从 automatic 切换为交互模式。

(6) 确认选择 elems to surf comp 选项。

(7) 选择 surfaces → displayed。

(8) 单击 mesh 按钮，重新生成网格，结果如图 9-17 所示。

(9) 单击 return 按钮，返回主页面。

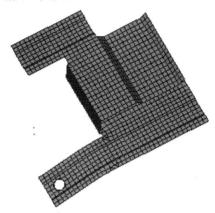

图 9-17　模型中面 2D 网格

STEP13　检查网格质量

(1) 选择、缩放和移动模型，检查模型网格质量，注意现在的网格是否整齐。

(2) 在主页面单击 Tool → check elems，进入检查单元质量面板(或按快捷键 F10)。

(3) 选择 2-d 子面板。

(4) 在 length 栏中输入 1.0，单击 length，评估模型单元最小长度，其中几个单元不合格，是由模型的形状引起的。与全局单元尺寸相比，它们不是太小，因而可以接受，不必处理。

(5) 单击 return 按钮，返回主页面。

(6) 在主页面单击 2D → automesh 进入 2D 自动网格划分面板。

(7) 选择 QI optimize 子面板。

(8) 设置 elem size 值为 2.5，将 mesh type 切换为 mixed。

(9) 单击 edit criteria 按钮，弹出标准文件编辑窗口。

(10) 在 Target element size 处输入 2.5。

(11) 单击 Apply 及 OK 按钮，返回网格划分面板。

(12) 选择 surfs → displayed，选取图形区显示的所有面。

(13) 单击 mesh 按钮，进行 2D 分网。

(14) 如果出现信息 "There is a conflict between the user requested element size and quality criteria ideal element size"，单击 Recompute quality criteria user sire of 2.5 按钮。

(15) 在主页面单击 2D → quality index，进入单元质量综合检查面板。

(16) 进入 pg1，核实 Comp.QI 是 0.01，表明网格划分得十分满意。此值越低，则表示划分的网络质量越高。

4. 项目小结

(1) 简化几何模型特征(defeature)是指为了使零件的几何形状更简单，而去掉一些对有限元分析不重要的细节。根据分析问题的需要，考虑零件在总装配中的重要程度、几何特征与分析问题的着重点和重要程度、几何特征尺寸与平均网格尺寸的对比等因素，模型的某些几何细节(如一些小孔和倒圆)可以忽略。删除对于分析没有必要的模型细节，有助于改善网格质量，分析也会进行得更有效率。

(2) 在划分 2D 单元时，有 first 和 second 两种可供选择，即一阶单元和二阶单元。通常二阶单元就是在一阶单元的基础上，在各个节点之间插值出一个节点。例如，我们所说的 8 节点的壳单元、20 节点的六面体单元等。从算法上讲，就是用曲线代替直线，模拟实际的几何模型更加精确；从物理上讲，就是让有限元模型更加"柔软"，从而更加符合实际情况。

(3) 无论是线还是面，尽量避免用单元过渡。

✦✦✦✦✦ 思 考 题 ✦✦✦✦✦

1. 单元大小设置取决于什么? (计算精度与时长的权衡)
2. 不使用 defeature 面板，如何快速去除面内的孔? (quick edit → unsplit surf)
3. 如何快速去除面内的圆角? (quick edit → trim-intersect)

✦✦✦✦✦ 练 习 题 ✦✦✦✦✦

1. 对于图 9-18 所示的不同厚度(或复杂)的几何模型，如何抽取中面并分网?

(提示：对于中面，可手工偏移，再分别划分网格，最后在属性中赋予不同厚度即可。需指出的是，对于低阶模态，可偏移，也可不偏移单元(属性内)，二者差别很小；高阶模态偏移后，则更符合实际。单元模型如图 9-19 所示)

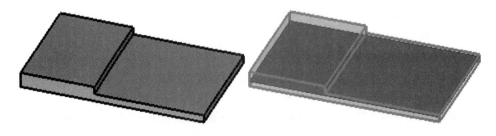

图 9-18　几何模型

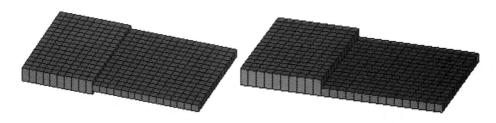

图 9-19　单元模型

2. 对圆进行 2D 网格划分(中间要求为正方形)，如图 9-20 所示。(先在中心创建正方形，再分网)

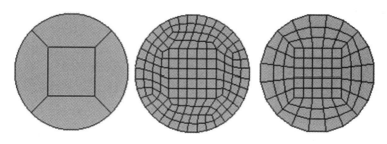

图 9-20　圆的 2D 网格划分

项目 10

中面抽取并进行 2D 网格划分

📖 学习目标

- ❖ 中面抽取
- ❖ 简化几何模型
- ❖ 修补缺陷
- ❖ 切分曲面并分网

🔍 重点、难点

- ❖ 重点：切分曲面
- ❖ 难点：简化几何模型

项目 10

1. 项目说明

对图 10-1 所示的几何模型抽取中面，并进行 2D 网格划分。

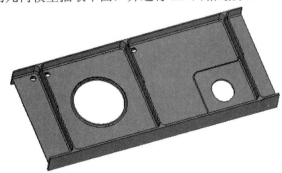

图 10-1　几何模型

2. 项目规划

使用 HyperMesh 中的 automesh 网格划分方法，在进行 2D 网格划分之前需进行以下主要操作：

(1) 中面抽取。

(2) 简化几何特征。

(3) 修补缺陷。

(4) 切分曲面。

(5) 2D 网格划分。

3. 项目实施

STEP01　抽取中面

(1) 单击 Open Model(打开模型)图标 ![icon]，打开模型数据文件 Pro10.hm。

(2) 在主页面单击 Geom → midsurface，进入中面抽取面板。

(3) 选择 auto midsurface 子面板，将对象选择器设置为 surfs，并选择所有曲面。

(4) 单击 extract 按钮，执行抽取中面。在标签域内出现名为 Middle Surface 的新组件，并将抽取到的中面放在其中，同时以该组件作为当前工作集合。

(5) 隐藏原有几何模型，中面模型如图 10-2 所示。

(6) 单击 return 按钮，返回主页面。

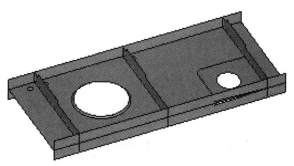

图 10-2　中面模型

STEP02　移除小孔特征

(1) 在主页面单击 Goem → defeature，进入消除特征面板。

(2) 选择 pinholes 子面板，将对象选择器设置为 surfs，在 diameter=文本框中输入 10。

(3) 选择 surfs → displayed，选择中面的所有曲面。

(4) 单击 find 按钮，找到中面上所有直径小于 10.0 的小孔，如图 10-3 所示。

(5) 单击 delete 按钮，删除这些小孔。

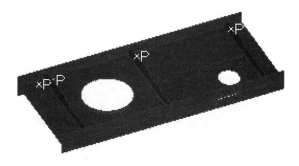

图 10-3　直径小于 10.0 的小孔

STEP03　移除曲面圆角特征

(1) 选择 surf fillets，激活 find fillets in selected 下的 surfs，在 min radius 文本框中输入 1.0，在 max radius 文本框中输入 25.0。

(2) 激活 surfs，选择 displayed。

(3) 单击 find，搜索到曲面符合所设条件的圆角特征——大孔边缘圆角。切换到 Wireframe Geometry ◠ ▾ 显示模式，如图 10-4 所示。

(4) 单击 remove 按钮，移除这个圆角，即将圆角转换为直角。

(5) 单击 return 按钮，返回主页面。

图 10-4　曲面圆角特征呈白色高亮显示

STEP04　删除多余的硬点

(1) 单击 displayed fixed points ▥，显示所有硬点，同时切换到 by topo 显示模式。

(2) 在主页面单击 Goem → point edit，进入硬点编辑面板。

(3) 选择 suppress 面板，激活 multiple points 下的对象选择器 points，选择 displayed。

(4) 单击 suppress 按钮，删除所有多余的硬点，如图 10-5 所示。

图 10-5　删除多余硬点的模型

STEP05　修复几何缺陷

(1) 选择 replace，进入硬点替换面板。

(2) 按照图 10-6 所示选择硬点。

(3) 单击 replace 按钮，将一硬点替换。

(4) 单击 return 按钮，返回主页面。

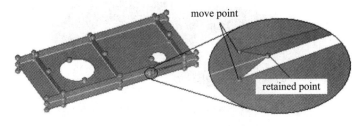

图 10-6　硬点替换前的几何模型

STEP06　切分曲面

(1) 在主页面单击 Geom → quick edit，进入快速编辑面板。

(2) 使用 split surf-node 子面板，选择对角两个节点进行半切分，如图 10-7 所示。

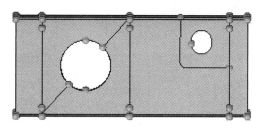

图 10-7　半切分后的几何模型

(3) 使用 project point，在另一半的圆弧上通过投影添加硬点，添加后的模型如图 10-8 所示，或使用 tool → project，注意要通过复制节点再投影，否则成了移动。

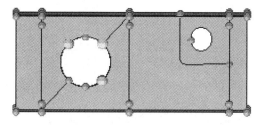

图 10-8　增加硬点后的几何模型

(4) 重复步骤(2)切分曲面，切分后的几何模型如图 10-9 所示。

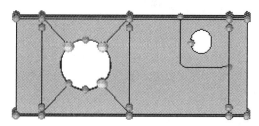

图 10-9　切分后的几何模型

STEP07　网格划分

(1) 在主页面单击 2D → automesh，进入自动划分网格面板。

(2) 选择 size and bias 子面板，选中模型边缘的两块小矩形，在 element size= 文本框中输入 10.0。

(3) 单击 mesh，划分结果如图 10-10 所示。

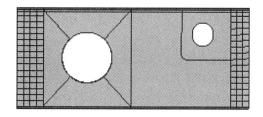

图 10-10　边上小矩形的网格划分

(4) 选择大圆边上的 1/4 曲面，单击 mesh，确保下面为 interactive 模式。

(5) 调整圆弧上密度为 16。

(6) 选择 mesh style，连续单击网格中间的小方块，使其成为正方形。同时，将 elem type 设置为 quads，最右边只保留 smoothing，而不勾选 size。

(7) 单击 mesh 按钮，结果如图 10-11 所示。

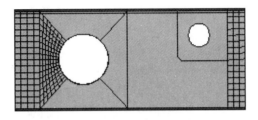

图 10-11　部分网格

(8) 使用边长为 10.0，重复上述步骤划分其他曲面，最终结果如图 10-12 所示。

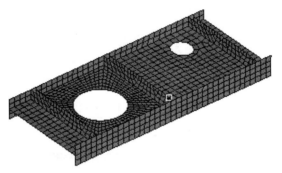

图 10-12　网格模型

4．项目小结

(1) quick edit 面板功能强大，提供了一系列快速的几何编辑功能，主要是对点、线、面的处理，具体包括：用点分断线，用线切分面，压缩点、线，删除点、线、面，创建点、线，面及投影点等。尤其对已经划分好网格的面编辑，使用该面板更能体现出其优越性。

(2) 在圆孔周围不推荐使用三角形单元，可采用本项目的方法解决，或者使用 Washer 工具，并且最好使用偶数单元来划分，这样有利于与周围网格连接，最好两层以上单元。

(3) 对于影响强度或刚度的特征要保留。

✦✦✦✦✦ 思　考　题 ✦✦✦✦✦

1．如何获取网格的最大、最小长度等信息？(Tool → check elems)

2．quick edit → project points 与 Tool → project 的区别有哪些？

(前者只能完成将点投影到线上，而后者不仅可将点投影到线上，还可将点投影到平面、曲面、向量等上)

3．在选取对象时 displayed 与 all 有何区别？(前者不含隐藏的，后者都包括)

4．对象选择器中的 by geoms 何时使用？(只在选取几何面/体上的元素时)

5．对象选择器中的 by faces 何时使用？(只在选取某一平面/曲面上的元素时)

6．如何一次选取圆面内的所有单元？(将选取框由默认的方框改为圆框，shift+左键)

✦✦✦✦✦ 练 习 题 ✦✦✦✦✦

打开图 10-13 所示的由面构成的几何模型文件 Exer10.hm，并对其进行 2D 网格划分。

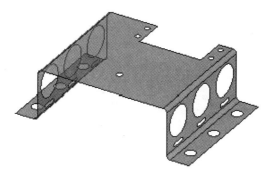

图 10-13 几何模型

(1) 初步网格划分。

① 打开模型文件 Exer10.hm。

② 在主页面单击 2D → automesh，进入自动分网面板。

③ 选择 size and bias 子面板，设置 element size = 0.1，mesh type：mixed。

④ 确认切换为 elements to surf comp，激活 surfs，选取 displayed。

⑤ 单击 mesh 按钮，结果如图 10-14 所示。

⑥ 单击 return 按钮，返回主页面。

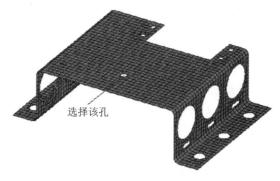

选择该孔

图 10-14 自动分网结果

(2) 移除不必要的小孔。

① 在主页面单击 Geom → quick edit，进入几何快速编辑面板。

② 选择 unsplit surf，并激活 line(s)。

③ 按图 10-14 所示，选择该小孔，网格自动更新。如果没有自动更新，就进入 option 面板设置为 remesh，结果如图 10-15 所示。

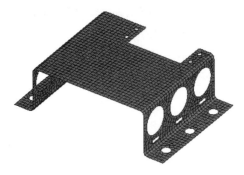

图 10-15　去除小孔后的网格

(3) 修改其他小孔周围网格。

① 激活 split surf-line 后的 node，如图 10-16 所示选取。

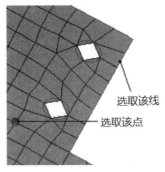

图 10-16　选取节点与线

② 重复步骤(1)，过节点作线的垂线来切割面，如图 10-17 所示。

图 10-17　画线切割曲面

③ 激活 washer split 后的 lines，输入 offset value：0.05。

④ 选取每个小孔周围的圆周线，分别添加一个半径扩大 0.05 的圆。

⑤ 激活 adjust/set density：后的 line(s)，左键加上 1、右键减去 1，都调整为 8。自动网格划分结果如图 10-18 所示。

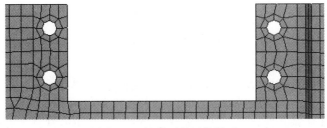

图 10-18　调整后的网格模型

(4) 调整大圆孔周边的网格。

① 仿照上述处理方法，将 6 个小孔消除。

② 对于大孔表面进行切分，如图 10-19 所示。

③ 在主页面单击 2D → automesh，进入自动分网面板。

④ 选择所有面，单击 mesh 按钮分网。

⑤ 单击 return 按钮，返回主页面。

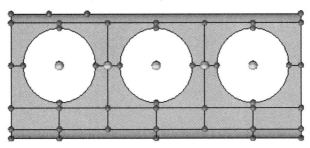

图 10-19　对大孔表面进行切分

项目 11

基于网格参数的 2D 网格划分

学习目标

- ❖ 基于单元尺寸创建网格
- ❖ 基于最大弦差创建网格
- ❖ 基于最大角度参数创建网格
- ❖ 基于最大单元尺寸参数创建网格

重点、难点

- ❖ 重点：上述学习目标
- ❖ 难点：平滑修补缺损面

项目 11

1. 项目说明

基于不同的网格参数，对图 11-1 所示的几何模型进行 2D 网格划分。

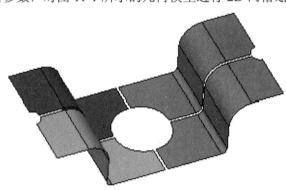

图 11-1　几何模型

2. 项目规划

在 automesh 网格划分方法中，可设置不同参数来控制网格的划分。本项目将基于以下不同参数，对几何模型进行 2D 网格划分。

(1) 单元尺寸(elem size)。

(2) 最大弦差(max deviation)。

(3) 最大角度参数(max angle)。

(4) 最大单元尺寸参数(max elem size)。

3．项目实施

STEP01 基于单元尺寸(elem size)

(1) 单击 Open Model(打开模型)图标 ，打开模型数据文件 Pro11.hm。

(2) 在主页面单击 2D → automesh，进入 2D 自动划分面板。

(3) 单击面板下面的模式切换按钮，将 interactive 交互模式切换为 automatic 自动模式。

(4) 选择 size and bias 子面板。

(5) 在 elem size= 文本框中输入 15.0，将 mesh type 设置为 quads，右侧设置为 elem to surf comp。

(6) 单击 surfs，并从对象选项菜单中选择 by collector，从组件列表中选择 use size，单击 select 按钮。

(7) 单击 mesh，划分的网格如图 11-2 所示。

(8) 单击 return 按钮，返回主页面。

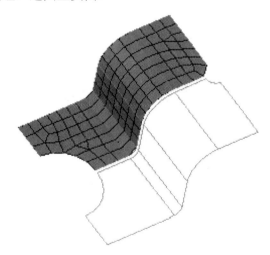

图 11-2　基于单元尺寸创建的网格

STEP02 基于最大弦差(max deviation)

(1) 在主页面单击 2D → automesh，进入自动分网面板。

(2) 选择 edge deviation 子面板，网格属性 mesh type 设置为 quads。

(3) min elem size = 1.0；max elem size = 15.0；max deviation = 0.5；max angle = 90.0。
提示：同其他软件一样，按 TAB 键可以在各文本框间来回切换。

(4) 单击下面的模式切换按钮，将 interactive 模式切换为 automatic 模式。

(5) 单击 surfs，并从对象选项菜单中选择 by collector，而从组件列表中选择 deviation ctrl，单击 select 按钮。

(6) 单击 mesh 按钮，划分的网格如图 11-3 所示。注意比较左、右两块曲面网格的不同。

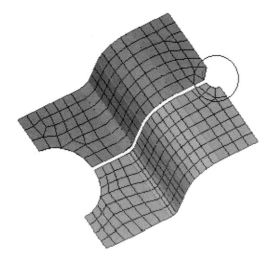

图 11-3　基于最大弦差参数划分的网格

STEP03　**基于最大角度(max angle)**

使用与前面相同的弦差参数设置，只减小最大角度(max angle)，比较其不同的效果。

(1) 设置 max angle= 20.0，其他参数不变。

(2) 单击 mesh 按钮，在 angle ctrl 表面上创建网格，如图 11-4 所示。

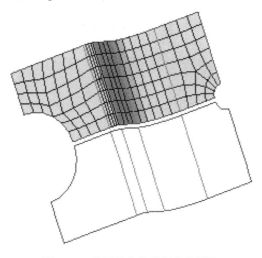

图 11-4　基于最大角度划分的网格

STEP04　**基于最大单元尺寸(max elem size)**

(1) 设置最大单元尺寸(max elem size)参数，使用与上一步中相同的其他弦差参数，增大最大单元尺寸参数，使其能够按算法在较平滑曲率较小的表面边缘创建尺寸较大、数目较少的单元。设置参数如下：min elem size = 1.0；max elem size = 30.0；max deviation = 0.5；max angle = 20.0。

(2) 在对象选择器中选择 max size ctrl，单击 mesh 按钮，网格划分如图 11-5 所示。

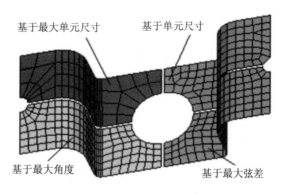

基于最大单元尺寸　　　基于单元尺寸

基于最大角度　　　　　　基于最大弦差

图 11-5　改变最大单元尺寸控制网格划分

4. 项目小结

(1) 弦差(chordal deviation)控制，经常被用于金属成型分析，这种分析要求在大曲率的区域集中大量的单元。

(2) 关于倒圆的网格划分：如在分析时不关心其附近的情况，可将其简化为直角。当然在直角处将是奇异的，应力无穷大。网格越密，应力越大。如关心其附近的情况，则需在倒圆上进行切分或加密网格，以便在上面生成节点，可视具体要求切分几次和减小弦差，切分后最好将原有分界线压缩掉。

(3) 在粗细过渡的地方经常要控制弦差。

(4) hypermesh 中的面网格局部加密技术是基于表面和边界弦差的网格划分技术，即 surface deviation 和 edge deviation，其主要控制参数如下：

① element size：即单元尺寸，网格密度增大到该尺寸，若认为已经合适，不会继续增加。

② growth rate：即增长率，代表每层网格增长的快慢。

③ min element size：即最小网格尺寸，表示网格划分所允许的最小尺寸。

④ max deviation：即最大弦差，作为弦差控制的主要参数，其值越小，则网格越贴合曲边/面。

⑤ max feature ang：即最大特征角，特征角越小，网格也越贴近几何。

⑥ mesh type：即网格划分所用单元形状，如纯四边形、以四边形为主的混合单元和纯三角形。

对于上述参数：

① 增长率最好不要超过 1.5，建议使用默认值 1.2。

② 选择弦差控制与特征角控制一个即可，建议使用特征角控制，因为弦差控制需要知道确切的弦差值，但是特征角设置为 15°，一般可以保证曲边的完美贴合。

③ 网格划分类型，建议使用混合单元或者纯三角形。

除了上述的控制参数外，还有一些辅助控制参数。合理设置这些参数对局部网格划分具有很大帮助，这些参数的意义在于：

① closed volume proximity：在封闭几何或封闭实体内特征之间的狭小空间中创建精密

的网格。

② free edge deviation：考虑对自由边使用弦差控制技术来划分网格。

③ refine：进入重新分网面板，可以对任意点、边、面指定网格划分密度，通过手动调整局部网格密度。

图 11-6 所示的是圆和角板的网格局部细化结果。

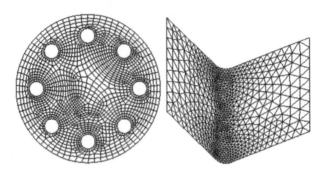

图 11-6　网格局部加密

✦✦✦✦✦ **思 考 题** ✦✦✦✦✦

何为弦差？有哪些控制参数？有何作用？(参见"项目小结")

✦✦✦✦✦ **练 习 题** ✦✦✦✦✦

导入几何模型数据文件 Exer11.iges，如图 11-7 所示，并对其进行网格细化处理。

图 11-7　倒圆的处理

项目 **12**

网格质量检查与优化

学习目标

- ❖ 壳单元连续性检查与缝合
- ❖ 单元法向的处理
- ❖ 对单元质量进行检查
- ❖ 消除存在质量问题的单元
- ❖ 在已分网的基础上添加 Washer，以改善圆孔周边网格质量

重点、难点

- ❖ 重点：单元的连续性检查与缝合
- ❖ 难点：单元质量的检查与改善

项目 12

1．项目说明

如图 12-1 所示单元模型，检查单元的连续性与单元质量，并对其进行改善。

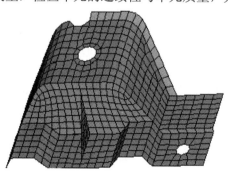

图 12-1　单元模型

2．项目规划

在 automesh 网格划分方法中可设置不同参数，来控制网格划分的质量。本项目将设置以下不同参数，对几何模型进行 2D 网格划分。

(1) 利用 edges 面板，检查单元连续性，并修正单元的连续性。

(2) 利用 normals 面板，进行单元法向处理。

(3) 通过 check elems 面板，对单元质量进行检查。

(4) 通过 automesh 面板，消除部分存在质量问题的单元。

(5) 利用手工的方法，编辑单元。

3. 项目实施

STEP01　利用 edges 面板检查单元连续性，并修正单元的连续性

(1) 导入并查看 Pro12.hm 模型文件，如图 12-1 所示。

(2) 在主页面单击 Tool → edges，进入边界面板，查看模型中的自由边，确定壳单元的连续性。

(3) 设置对象选择器为 elems，选择 displayed，单击 find edges 按钮，在标签域内隐藏单元，如图 12-2(a)所示。

红色显示的自由边(1D 单元)放在一个名为^edges 的新组件中。单元沿所选壳单元的自由边生成。此时，除边界外，模型中还有一个或多个单元，其边上的节点没有和与其相邻的单元共享，尝试在网格中寻找间隙。图 12-2(b)中没有的线，是几何关系不连续的、非正常的自由边，应予以消除。

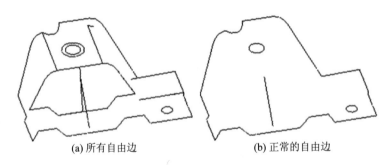

　　　　(a) 所有自由边　　　　　　　　　(b) 正常的自由边

图 12-2　网格模型的自由边

(4) 将 tolerance=(容差)设置为 0.01。

(5) 单击 preview equiv 预览，提示信息显示"81 nodes were found"。当两个相邻节点之间的距离等于或小于容差的距离范围时，在两个节点之间合并为一个节点。

(6) 调整 tolerance 值(推荐值为 1.0，网格大小为 3.0)，直至出现"96 nodes were found"。

注意：不要设置太大的 tolerance 值。虽然 96 个点可以被识别，但是容差值过大，会在节点合并时破坏某些网格。

(7) 单击 equivalence，提示 96 个节点被合并。旋转并观察模型，确保所有的网格都是完好的。

(8) 单击 delete edges，这时红色的自由边和^edges 这个 Component 将会被清除。

(9) 再次观察壳单元中的自由边，确保所有壳单元的连续性问题被解决。

(10) 单击 find edges，观察红色自由边现在只在边界区域存在红色的自由边，如图

12-2(b)所示。

(11) 若将 find 选项设置为 T-connections，得到 T 形边，如图 12-3 所示。

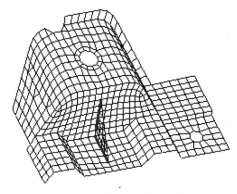

图 12-3　模型中的 T 形边

STEP02　**利用 normals 面板进行单元法向处理**

(1) 在主页面单击 Tool → normals，进入法向编辑面板。

(2) 将选择器设置为 comps，单击图形区中的任意一个单元，单元呈高亮显示，此时它所属的 Component 被选中。

(3) 单击 display normals，如图 12-4 所示。

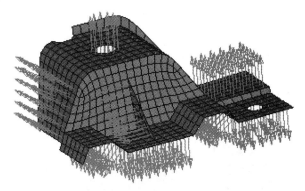

图 12-4　单元的法向显示

矢量箭头始于单元的质心，显示单元的法线方向，注意不是所有的矢量箭头都始于同侧。对于某些有限元分析而言，要求所有单元的法线应在同一侧。

(4) 在 size= 文本框中输入尺寸值，确定法线的显示大小。

(5) 切换 vector display normals 为 color display normals。

(6) 单击 display normals，单元的法线将用颜色显示。网格的红色一侧默认是法线的正方向，而蓝色一侧则是法线的负方向。

(7) 激活 orientation：elems。

(8) 选择任意一个单元。

(9) 单击 reverse normals，将反转单元，注意连同连接在一起的同向单元都同时反转。

(10) 单击 adjust normals。该部件所有单元都调整为同一方向后，红色转变成蓝色。标题栏显示"[X] elements have adjusted"。

(11) 单击 return 按钮，返回主页面。

STEP03   **通过 check elems 面板对单元质量进行检查**

(1) 在主页面单击 Tool → check elems，进入单元编辑面板。

(2) 选择 2-d 子面板。

(3) 设置 jacobian 的限制值为 0.7。

(4) 单击 jacobian，确定是否有些单元的 jacobian 值小于 0.7。这时 jacobian 值小于 0.7 的单元，都将呈高亮显示。

(5) 在三角形筋板和围绕两个小洞的区域内，有几个单元的 jacobian 值小于 0.7，标题栏中将显示有多少个单元 jacobian 值小于 0.7，也就是失效的单元。

(6) 在图形区选中 1 个单元，窗口中将显示并列出被检查单元每项质量检查的结果，如图 12-5 所示。

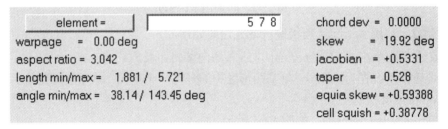

图 12-5   单元质量检查结果

(7) 单击任意键，关闭弹出窗口。

(8) 在面板菜单的右侧，将 standard 切换为 assign plot(该选项下才有图例显示)。

(9) 单击 jacobian，再次进行检查。

出现 jacobian 的图例，每个单元按图例都有对应颜色的 jacobian 值。红色单元的 jacobian 值小于 0.7，如图 12-6 所示。

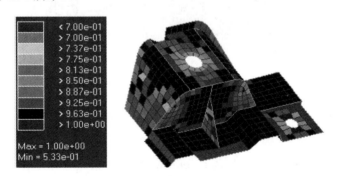

图 12-6   jacobian 图例与单元的 jacobian 值图解

(10) 在 min angle <文本框中输入 45，在 max angle> 文本框中输入 135。

(11) 单击 min angle 按钮，用来检查四边形单元的最小内角是否小于 45，注意在筋板处有一对单元的内角小于 45。

(12) 单击 max angle 按钮，确认四边形单元的最大内角是否大于 135，注意在筋板处一些单元的最大内角大于 135。

(13) 单击 return 按钮，返回主页面。

STEP04 **通过 automesh 面板重新分网，以消除存在质量问题的部分单元**

(1) 在主页面单击 2D → automesh，进入 2D 自动分网面板。

(2) 将对象选择器设置为 elems，通过 by face 选择如图 12-7 所示的单元。

图 12-7 所选单元

(3) 在 element size= 文本框输入 3.0，单击 mesh 按钮，进入下一级面板。

(4) 选择 density 子面板，调整单元密度，如图 12-8 所示。

(5) 选择 mesh style 子菜单。

(6) 在 mesh method：单击切换按钮，选择 free(unmapped)。

(7) 单击 mesh 按钮，预览划分的网格，如图 12-9 所示。

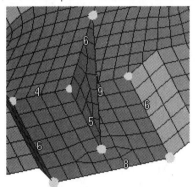
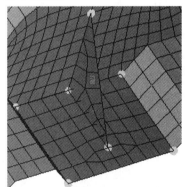

图 12-8 调整单元密度   图 12-9 重新划分的网格

(8) 选择 checks 子面板，单击 jacobian、quads：min angle 和 quads：max angle。

(9) 注意核实所有单元的最大角、最小角都合格。仅有一对单元的 jacobian 值小于 0.7(为 0.68)，仍可视为质量良好。

(10) 单击 return 按钮接受所划分的网格，返回主菜单。

STEP05 **利用手工的方法编辑单元**

(1) 删除包含三角形的一排单元。

(2) 在主页面单击 Tool → delete，进入删除面板，选择如图 12-10 所示的白色单元。

(3) 单击 delete entity。

(4) 单击 return 按钮，返回主页面。

(5) 在主页面单击 2D → replace，进入替换面板。

(6) 如图 12-11 所示，选取两个节点。

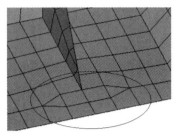

图 12-10　选择需修改的单元

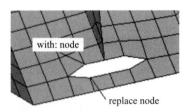

图 12-11　缝合节点

(7) 重复上一步操作，缝合另外两节点，划分的结果如图 12-12 所示。

(8) 在主页面单击 2D → edit element，进入单元编辑面板。

(9) 选择 split 子面板。

(10) 激活选项 splitting line：points，如图 12-13 所示，点击 4 个点。一条临时折线将这 4 个点连接起来，如图 12-13 所示。

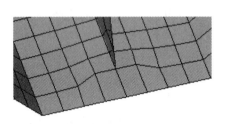

图 12-12　缝合后的底面网格

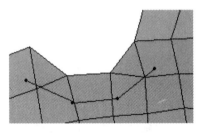

图 12-13　选择切分线的 4 个点

(11) 单击 split 按钮，这条线所通过的单元被切分，切分后的网格如图 12-14 所示，形成两对相邻的三角形单元。

(12) 选择 combine 子面板，按图 12-15 所示选择两对相邻的两个三角形单元。

(13) 单击 combine 按钮，最终结果如图 12-16 所示。

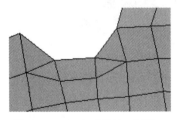

图 12-14　切分后的单元网格

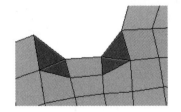

图 12-15　所选三角形单元

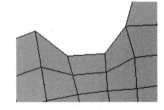

图 12-16　三角形单元组合成

四边形单元

STEP06　使用 Washer(垫圈)功能在小孔外围添加放射形单元，以改善孔边网格质量

(1) 在标签域上方单击 Utility，进入 Geom/Mesh 面板。

(2) 单击 Add Washer 进入垫圈面板。

(3) 选取孔边任意一节点，意味着对该孔周围网格进行改善，如图 12-17 所示。

(4) 单击 proceed 按钮，弹出一窗口。

(5) 将 Selection 切换为 Width(宽度)，Value 输入 3.0。

(6) 勾选 Minimum number of nodes around the hole，Density：12。

(7) 单击 Add 按钮，结果如图 12-18 所示。

(8) 单击 close 按钮，返回主页面。

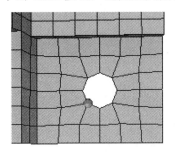
图 12-17　孔边任选一节点

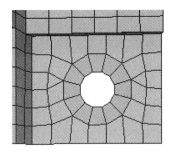
图 12-18　加垫圈后的网格

STEP07　使用印记(imprint)功能改变网格

(1) 在标签域内将 imprint 组件显示出来，如图 12-19 所示。

(2) 在主页面单击 2D → mesh edit，进入网格编辑面板。

(3) 选择 imprint 子面板。

(4) 通过选取设置 source：imprint，destination：shells，remain：destination，projection：normal to destination，勾选 elems to destination comp。

(5) 单击 create 按钮，结果如图 12-20 所示。

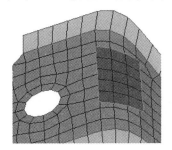
图 12-19　印记网格

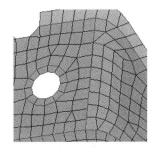
图 12-20　对目标面打上印记后的网格

STEP08　使用延展(extend)将网格延展到目标网格，使它们连接起来

(1) 在标签域内将 extend 组件显示出来，如图 12-21 所示。

图 12-21　要延展的网格

(2) 在主页面单击 2D → mesh edit。

(3) 选择 extend，延展子面板。

(4) 设置 source：nodes，选择图 12-22 所示的节点。

(5) 双击 destination：comp，选择 shell。

(6) 将 projection：切换为 along vector，选择图 12-22 所示的 N1 和 N2 节点。

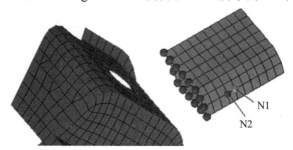

图 12-22　要延展的节点

(7) 勾选 remesh extension 复选框，remesh destination layers：3。

(8) 单击 create 按钮，结果如图 12-23 所示。

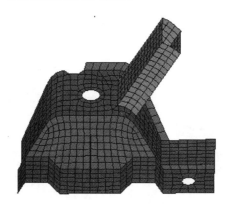

图 12-23　延展后的网格连接

4. 项目小结

(1) 通过重新划分单元网格来达到调整网格质量。在某些情况下，尤其是一些局部细节区域，因其结构复杂，有时在使用单元网格重新自动划分后一些单元仍不能达到理想状态。另外，在一些情况下为保证计算精度，减少 2D 单元中三角形单元的数目，需要将三角形单元处理成四边形单元。此时，HyperMesh 提供了其他方法来调整单元质量，如对单元进行切分、合并，对单元节点进行调整、对齐、投影等。

(2) 利用手工编辑的方法，只能完成小范围网格的编辑。

(3) 此外，也可先画出同心圆，再分网，效果是一样的。对于使用 Washer 后添加圆的优势是先判断网格是否合格，如合格可不必多此一举。

(4) imprint 和 extend 都是为了解决不同网格之间的连接问题，如 imprint 是为了焊点、刚性连接等，而 extend 用实际单元进行两个组件的连接。

(5) 任何名称前面有符号"∧"的 Component，在输出时都不会被写入求解器的输入文件(即临时文件)。

✦✦✦✦✦ **思 考 题** ✦✦✦✦✦

1．在缝合不连续节点时要设置容差，如何设置其值？(在设置容差之前要检查单元最小边长，容差要小于它)

2．如何检查和修改壳单元的法向？(Tool → normals)

3．HyperMesh 等有限元软件均没有撤销功能，这与其所操作的内容有关(无法恢复由于每步所造成的影响)，那么手工又如何撤销多步操作呢？(首先 Edit → Command File 调出日志，删除最近的错误操作，再存盘，扩展名为 cmf，最后用 File → Run → Command File 运行所存文件即可)

4．如何使用函数表达式驱动画一条线？试画出如图 12-24 所示的渐开线？(选作，使用日志)

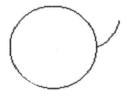

图 12-24　渐开线

5．如何使用方向选择器 along vector？(可使用两点 N1 和 N2，也可使用 N1、N2 及 N3 三点，方向遵循右手规则)

✦✦✦✦✦ **练 习 题** ✦✦✦✦✦

导入几何模型文件 Exer12.iges，对其分网，并细化，如图 12-25 所示。(2D → split)

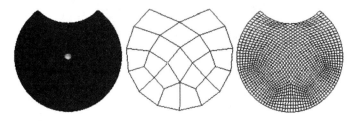

图 12-25　细化网格

项目 13

使用 QI 检查并优化二维网格质量

 学习目标

- ❖ 检查、评估网格质量
- ❖ 对于未通过质量标准的失效单元进行修正
- ❖ 一次性优化大量需要改进的单元

重点、难点

- ❖ 重点：单元质量的检查
- ❖ 难点：改进单元质量

项目 13

1. 项目说明

对于图 13-1 所示的单元模型进行单元质量的检查，并对失效单元进行修正。

图 13-1　单元模型

2. 项目规划

通过 Quality index 面板可以计算出一个值来代表显示在图形区域 2D 壳单元的质量，并使用质量标准控制文件来存储和读取单元质量标准。同时，还可以进行单元质量优化。

针对本项目采用该面板进行检查和优化。

    (1)　使用质量指标面板检查，评估网格(单元)质量。

    (2)　对失效单元进行修正。

    (3)　使用 element optimize，优化单元的质量。

    (4)　使用 smooth 面板，改进单元质量。

3. 项目实施

STEP01　使用质量指标面板检查评估网格质量

    (1)　打开模型文件 Pro13.hm。

    (2)　在主页面单击 2D → quality index，进入质量检查与评估面板，如图 13-2 所示。

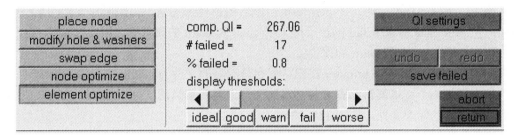

图 13-2　质量检查与评估面板

    (3)　在 quality index 面板中单击 QI settings 按钮，切换为 page3。

    (4)　单击 edit criteria… 按钮，从<安装目录>/tutorials/hm 路径加载标准文件 quality index.criteria。文件的质量标准被自动地加载，在图形区域中单元将会根据其 QI 值，通过颜色码显示，如图 13-3 所示。

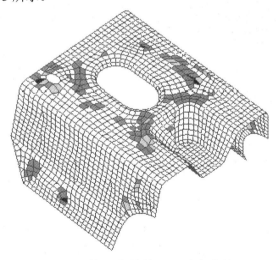

图 13-3　单元质量颜色显示(白色背景)

    (5)　在 quality index 面板中单击 edit criteria 按钮，编辑标准文件。

    (6)　选择 Advanced Criteria Table 复选框，按表 13-1 所列数据更新所列质量标准值。

注意：修改标准时单元颜色也会随之变化。

表 13-1 质量标准值

Criterion	Good value	Fail value
Min Size(Shortest edge)	5.5	3.5
Max Interior Angle Quad	120	140
Min Interior Angle Quad	60	40

提示：Min Size 和 Max Size 检查中用到的单元尺寸值(elem size)是在 global 面板下所设的目标单元的尺寸，这个值也可以通过加载标准文件重新设置。

如果 Advance Criteria Table 关闭，则只关注失效值。例如：在 Min Size 中最差的数值不可能大于失效值所给的评价数值。

警告：当修改标准值时，HyperMesh 可能会根据逻辑关系，拒绝用户设置的某些值。例如：在 Min Size 检查中 fail 的值不应大于 good 和 warn 的评价值，因此在增加 fail 值之前，可先要增加 good 和 warn 的评价值。

(7) 进入 page3，单击 browser 按钮，保存修改后的文件为 quality index2.criteria。

使用任何一个文本编辑器查看此文本的文件内容和编辑此文件。例如：改变数值或简单地创建附加的标准文件，如图 13-4 所示。

```
Shell mesh quality summary file

#   Criterion      Failure    %       Worst   Q.I.    Worst    Worst    Worst
                   criteria  failed                   elemId1  elemId2  elemId3

1 min size           3.50     0.27     2.93    8.15   13087    13084    15113
2 max length        20.00     0.00    15.08    0.00
3 aspect ratio       5.00     0.00     3.70    0.00
4 warpage           15.00     0.05   180.00  100.00   13633
5 max angle quad   140.00     0.41   181.36   70.01   13633    13084    13728
6 min angle quad    40.00     0.14    22.86   16.01   13633    13084    13322
7 max angle tria   120.00     0.00   115.45    0.07
8 min angle tria    30.00     0.14    17.46   17.28   16741    16736    16822
9 skew              40.00     0.41    59.43   24.06   16741    16822    16736
10 jacobian          0.60     0.32     0.25   40.06   13633    13084    13728
11 chordal dev       1.00
12 % of trias       15.00                      0.00

   compound Q.I.=  275.04
   # of quads =     2159
   # of trias =       57
   % trias =         2.57
   # of failed =      22
```

图 13-4 编辑后标准文件

(8) 进入 page1，查看 comp.QI=、#fail 和%fail 的值，与前面加载的标准文件中数值相比较，这 3 个值都已发生变化。标准卡紧了最小单元尺寸，而放松了对四边形的最小、最大内角的要求，结果使组合质量指标略有降低，同时实际失效单元数也有所改变。

STEP02 对失效单元进行修正

在 quality index 面板中使用 place node 和 swap edge 功能，可以通过交互地移动节点和交换两个相邻单元的公共边界来改进单元的质量。

place node 选项可以在表面手工移动节点。随着节点的移动，单元着色(表示质量)实时更新。swap edge 选项可以使用不同的节点。交换两个单元的公共边时，按照质量标准和着色代码自动计算，并创建新网格。

当使用 place node 和 swap edge 功能进行调整时，监测组合质量指标(comp.QI)的变动，查看单元质量的改善。

(1) 在 page3 中单击 edit criteria，从<安装目录>/tutorials/hm 路径加载标准文件 quality index.criteria。

(2) 按下快捷键 V，并单击 restore1，打开存储视图 view1。

(3) 使用 place node 选项拖动如图 13-5 所示的节点，使与之相连的所有单元落在数值良好的单元范围内。注意观察调整这片区域的网格时，质量指标值和失效单元的数目是如何下降的。最后的网格应该如图 13-6 所示，仅有一个单元为黄色。当拖动节点时，观察各栏结果模式中的数值是如何改变的，以显示移动节点对局部效果的影响。comp.QI 显示拖动节点对这些单元的组合质量指标的影响，有助于发现节点最佳位置。#failed 表示还有多少单元对质量标准是失效的，而%failed 表示百分之多少是失效的。

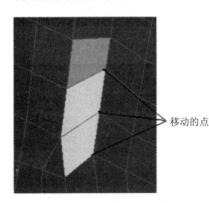

图 13-5 待移动节点的网格

图 13-6 改善的网格

提示：place node 功能只允许沿其推断的表面移动，不能超过其边线。任何时候使用 Undo 都可以恢复对网格的变动。

(4) 按下快捷键 V，并单击 restore2，打开存储视图 view2，如图 13-7 所示。

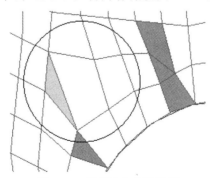

图 13-7 待交换公共边网格

(5) 在这个区域中使用 swap edge 功能改进一些单元的质量，如图 13-8 所示。相邻单元的公共边被改变(连接性的改变)，在单元节点所包含的范围内生成两个新的单元。

提示：当使用 swap edge 功能时，被选中的边可能重新定位在两个单元间任意可能的位置。单元改变了一个边，可能改变了网格的质量，而产生最好的改进，也可能没有什么作用。如果质量恶化，则可以再次进行选边操作，HyperMesh 会在两个单元之间以所有可能的位置进行循环定位。

(6) 同样，调整其他成对单元的公共边，循环调整，使单元最终产生最小的组合质量指标，最终产生最小的 QI 值。

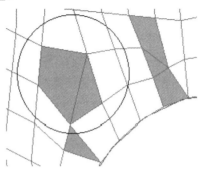

图 13-8　交换公共边后的新网格

提示：将 place node 和 swap edge 选项结合使用，使这个区域的所有单元满足质量标准。

STEP03　使用 optimize 功能改进单元的质量

optimize 功能包含节点和单元的优化工具 node optimize 和 element optimize，提供了半自动的质量修正功能。node optimize 功能可以为所选的节点找到最优的位置，使与此节点相连单元的质量指标达到最低。element optimize 具有同样的功能，只是以所选单元中包含的所有节点为对象，可以影响更大的区域。

下面使用 optimize 中的这两个功能，改进一些局部区域的网格质量，可以监测质量标准值如何降低，单元质量如何改进。

(1) 按下快捷键 V，并单击 restore3，打开存储视图 view3，如图 13-9 所示。

(2) 在这一区域使用 element optimize 选项，改进单元的质量，注意观察组合质量指标的变化。

提示：由于每次操作只考虑所选单元和与其分享节点的单元，因此可能需要多次选择多个单元(不仅仅是失效单元)，以获得可能的最佳质量，最终得到的网格如图 13-10 所示。

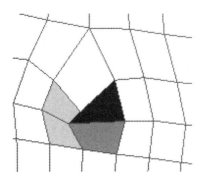

图 13-9　单元待优化 view3 网格

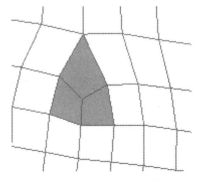

图 13-10　单元优化后的网格

(3) 按下快捷键 V，并单击 restore4，打开存储视图 view4，如图 13-11 所示。

(4) 使用 node optimize 功能，改进在检查中失效单元的单元质量。在优化局部不同节点时，观察单元质量指标值的改变，最终得到的网格如图 13-12 所示。

(5) 使用前述任意功能，如 element optimize 修改剩余的坏(worse)单元。

(6) 记录 comp.QI= 和 #failed 的值，并与初始值比较。

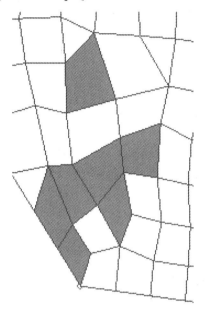

图 13-11　节点待优化的 view4 网格　　　　　图 13-12　节点优化后的网格

目前这些值已经减小，与初始值相比仅减小百分之几，是因为网格中仍有其他区域的单元质量需要调整。

STEP04　使用 smooth 面板改进单元质量

2D 页面中的 smooth 面板，可以根据质量标准光顺单元。在模型中它用于优化节点的位置，使所选单元的整体质量指标达到最小。该功能允许一次选取多个单元。

以下使用 smooth 面板中的 QI optimization 模式，可以改进单元质量。然后，返回 quality index 面板，查看改善后网格质量的结果。进入 smooth 面板，根据 quality index 面板中定义的标准优化单元质量。

(1) 在 2D 页面中选择 smooth 面板。

(2) 选择 plates 子面板，将右侧开关切换到 QI optimization 选项。

(3) 单击 elems，并选择 displayed。

(4) 设置 target quality index= 值为 0.26。

(5) 确定没有选择 time limit 复选框，由于模型较小可以不必关注优化时间。

(6) 设置 feature angle= 值为 30.0。

(7) 切换至 use current criteria，或指定其他标准文件。

(8) 将下面的切换键切换为 recursive optimization procedure(递归优化)。

　　(9) 单击 smooth 按钮，进行光顺处理。如果弹出一个信息框，点击 Continue。HyperMesh 根据指定的质量标准来光顺单元，并在标题栏中给出最终的质量指标值。

　　(10) 进入 quality index 面板，查看网格质量。此时未通过质量标准的单元数只有几个或没有，将当前组合质量指标、失效的单元数目与它们的初始值进行比较。当 smooth 面板优化节点位置使单元产生最小的组合质量指标值时，另外还可以考虑修整一些局部区域，只有考虑局部质量指标，才能得到较好的结果。

4．项目小结

　　(1) 在使用 element optimize 等选项改进单元的质量时，时刻要注意：是否影响到了侧面的特征点上的节点位置变化，因为特征点最好要有单元节点存在。

　　(2) 在默认情况下只对网格质量进行简单的查看，在 criteria 模式下根据所设质量评价标准加权因子和罚值计算各单元 QI 值，单元以相应的颜色进行显示。

　　(3) 检查在 page1、page2 和 page3 中定义的质量标准时，注意选中和未选的标准，加权因子和分配到它们的不同等级的实际值。此时，几个单元以黄色显示，表示它们的 QI 值在 1～10 之间。单元的 QI 值计算公式为：

$$QI 值 = (通过的罚值的加权平均) + (未通过的罚值的权重和)$$

　　(4) 考虑到标准文件中，当前的权重因子(Weight)都被设置为 1，就可以解释为在所选标准中，这些单元至少有一个质量检查标准未通过，否则 comp.QI 值为 0。

　　(5) 为确定某个失效(或坏的)单元是因哪一项质量检查标准而没有通过，可以分别打开每个标准(一次只打开一个)。

　　(6) 单元根据其 QI 值着色。单元的着色是单元对所选一套标准的反映和显示。

　　(7) 由红色和黄色显示的单元是整体质量(由所选标准定义)不符合要求的单元，用草绿色显示的是可接受的单元。

　　(8) #fail 值栏中列出 criteria 模式下的失效单元数量(为红色和黄色表示的单元)，%fail 栏中列出了在指定标准下失效单元数量占所显示单元的百分比，worst 栏列出了每个标准对应的坏值。

　　(9) 使用 quality index 面板，可以查看在标准文件指定的质量标准下对应网格的质量。虽然这些值是相对的，但它们反映了网格对所设置标准的符合程度。改善网格的质量后，会发现这两个值都变小。

　　(10) 应用在不同场合的有限元模型，常常要求使用不同的质量标准进行评价。即使在同一模型中，不同区域的网格也常需要按不同的标准进行评价检查。在这种情况下，各种质量标准所需数值可以在 quality index 面板中改变，以满足网格的需求。这一过程可以逐次手工完成，也可以将 quality index 面板中标准模式的不同质量检查所设数值存储到文本文件中，作为标准文件一次载入。

　　(11) 在 quality index 面板中改变标准文件的一些数据值，并保存为一个新的文件，可以通过这种方式建立自定义的标准文件库，利用预先定义的标准文件库能够很容易地加载各种标准文件，以满足不同的应用。

(12) 在 quality index 面板中使用不同优化工具改进单元质量，确保它们符合质量要求。这些工具在改进网格质量方面功能强大，但是由于其一次只能调整一定数量的单元，在大量单元调整模型中并不常用。事实上，它对局部区域的调整作用大于对全局区域的调整作用。

✦✦✦✦✦　思 考 题　✦✦✦✦✦

1．网格质量检查通常包括哪些内容？需要通过什么检查？(① 连续性；② 方向一致性；③ 重复与否；④ 质量如何，单项检查与综合检查 QI)

(① Tool → edges 和 Tool → faces；② Tool → normals；③ check elems；④ 2D → quality index)

2．在单元检查与评估面板 quality index 中的 swap edge、node optimize、element optimize 的操作对象分别是什么？(边、节点和单元)

3．节点编辑面板的快捷键是什么？(F7)

4．如何统计节点数与单元数？(Tool → count 在有限元分析时需查看)

5．如何将一阶单元转换为二阶单元？(order change)

✦✦✦✦✦　练 习 题　✦✦✦✦✦

利用 smooth(光顺)功能优化二维网格。

(1) 网格划分。

① 导入几何模型 Exer13.iges，如图 13-13 所示。

图 13-13　几何模型

② 在主页面单击 2D → automesh，进入自动网格划分面板。

③ 选择 size and bias 子面板。

④ 选定图形的表面。

⑤ 确保面板上的设置如下：elem size = 18.0；mesh type：quads；网格划分方式设置成 automatic。

⑥ 单击 mesh 按钮，生成网格。

⑦ 单击 return 按钮，返主页面。

(2) 优化网格。

① 在主页面单击 2D → quality index，进入监测面板，观察给出的 comp.QI 值，如图 13-14 所示。

② 单击 return 按钮，返回主页面。

③ 在主页面单击 2D → smooth 进入光顺面板，对所选中要优化的部分或全部单元进行优化调整。

④ 单击 smooth 按钮。当系统出现"Recompute quality criteria using size of ** ?"信息时，单击 continue? 按钮，网格重新生成观察 comp.QI 值，如图 13-15 所示。将该值与原始网格的质量指标进行比较，可以看到，数值明显降低，表明单元质量有极大的提高。

comp.QI = 85.14　　　　　　　　　　　　　　comp.QI = 46.17

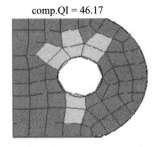

图 13-14　automesh 划分的网格　　　图 13-15　利用 smooth 优化后的网格

提示：smooth 的作用是调整网格节点位置，以改善节点间距离的均匀性。

项目 14

无几何表面的 2D 网格划分

 **学习目标**

- ❖ 对无几何表面进行二维网格划分
- ❖ scale 的使用

 **重点、难点**

- ❖ scale 的使用

项目 14

1. 项目说明

对图 14-1 所示的支架几何模型(线条组成)进行 2D 网格划分。

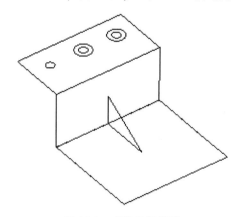

图 14-1　支架几何模型

2. 项目规划

(1) 使用 scale，创建同心圆。

(2) 使用 spline 面板，在同心圆之间创建辐射形网格。

(3) 使用 spline 面板，对剩余的上表面划分网格。

(4) 使用 line drag 面板，对支架的后表面划分网格。

(5) 使用 ruled 面板，划分支架的底面。

(6) 使用 skin 面板，对加强筋划分网格。

3．项目实施

STEP01　使用 scale 创建同心圆

(1) 打开并查看模型 Pro14.hm，使用不同的视图显示模式观察模型。

(2) 在主页面单击 Tool → scale，按比例创建面板。

(3) 单击 uniform，并在文本框输入 2.0，作为统一比例系数。

(4) 按下快捷键 F4，进入 distance 面板。

(5) 选择 three nodes 子面板。

(6) 创建圆心节点。

(7) 单击 return 按钮，回到 scale 面板。

(8) 将对象类型切换为 lines，在图形区选择圆弧线。

(9) 单击 lines，在弹出的窗口中选择 duplicate，再选择 original comp，将圆复制到原始组件中。

(10) 单击 origin：node，使其处于激活状态。

(11) 选择在圆心处的临时节点。

(12) 单击 scale+，创建一个同心圆，如图 14-2 所示。

(13) 单击 return 按钮，返回主页面。

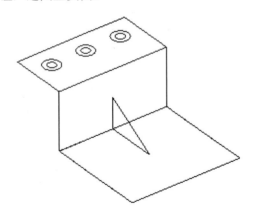

图 14-2　创建同心圆

STEP02　使用 spline 面板在同心圆之间创建辐射型网格

(1) 在主页面单击 2D → spline，进入样条线创建面板。

(2) 对象类型设置为 lines，选择同心圆的两条圆弧线。

(3) 将 mesh，keep surf 切换为 mesh，dele surf，此选项决定是否保留几何面。

(4) 单击 create 按钮，进行分网。

(5) 选择 density 子面板，在 edge set all to 下的文本框输入网格边缘密度值 8。

(6) 单击 set all to，将密度值都设置为 8。

(7) 单击 mesh 按钮，划分网格。

(8) 重复同样操作，对另外两个同心圆分网，如图 14-3 所示。

(9) 单击 return 按钮，返回 spline 面板。

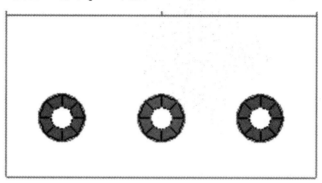

图 14-3　辐射型网格

STEP03　使用 spline 面板对剩余的上表面划分网格

(1) 将操作对象的类型设置为 lines，选择 4 条定义上表面的边线，以及 3 条同心圆的外圆周的圆弧线。

(2) 单击 create 按钮。

(3) 在 density 子面板中单击 mesh 按钮，预览网格，如图 14-4 所示。

(4) 单击 return 按钮，接受所划分的网格，并返回主页面。

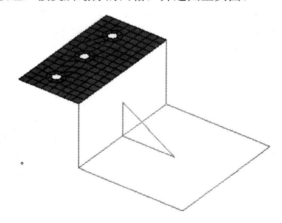

图 14-4　支架上表面的最终网格

STEP04　使用 line drag 面板对支架的后表面划分网格

(1) 在主页面单击 2D → line drag，进入拉伸方式创建面板。

(2) 选择 drag geoms 子面板。

(3) 对象类型设置为 node list 切换为 line list，选择已划分网格与支架后表面邻近的线。

(4) 激活 along：line list，选择定义支架后表面两条线中的任意一条，该线与上一步骤所选线垂直。

(5) 单击切换按钮，设置为 use default vector，将创建方法设置为 mesh，w/o surf。

(6) 单击 drag 按钮。

(7) 单击 return 按钮，接受所划分的网格，并返回主页面，结果如图 14-5 所示。

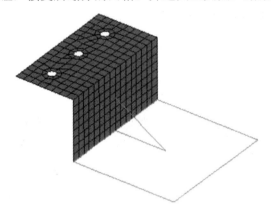

图 14-5　上表面和后表面网格

STEP05　用 ruled 面板划分支架的底面

(1) 在主页面单击 2D → ruled，进入规则网格，创建面板。

(2) 将对象选择器设置为 node list，单击 node list，选择 by path。

(3) 选择后表面与底面相邻边的两个端节点，如图 14-6 所示。

(4) 确认所选两个节点之间的所有节点都被自动选取。

(5) 将下方的对象选择切换为 line list，选中定义底面外侧边缘的一条线。

(6) 将 mesh，keep surf 切换为 mesh，w/o surf，则与表面无关。

(7) 勾选 auto reverse 复选框，以确保单元按照相同的顺序产生网格，避免出现交叉网格。

(8) 单击 create 按钮，出现网格模型，再单击 mesh 预览网格，如图 14-7 所示。

(9) 单击 return 按钮，接受所划分的网格，并返回主页面。

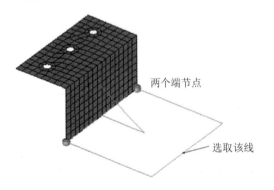

图 14-6　by path 所选节点

图 14-7　支架上、后、底表面的网格

STEP06　使用 skin 面板对筋板划分网格

(1) 在主页面单击 2D → skin，进入筋板网格，创建面板。

(2) 激活 line list 选择器，选择定义筋板的 3 条线中的两条线。

(3) 将 mesh，keep surf 切换到 mesh，dele surf。

(4) 单击切换开关，切换为 auto reverse。

(5) 单击 create 按钮，再单击 mesh 按钮，预览网格，如图 14-8 所示。

(6) 单击 return 按钮，接受所划分的网格，并返回主页面。

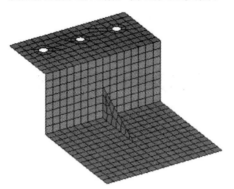

图 14-8　最后支架的 2D 网格

4. 项目小结

(1) 在对模型进行网格划分的前处理过程中，会碰到零件输入原始 CAD 模型中不存在表面的情况，或者分析进行到后期，模型中的表面已不存在。此时，几何上没有任何表面，仅有一些几何的点、线数据。对这类零件划分网格需要通过使用点、线和节点等几何数据来进行，这种划分方法就是无表面的网格划分。

(2) HyperMesh 提供了很多根据几何，而不是表面来划分网格的面板，如 spline 等。

(3) 对于结构复杂的构件，局部可以利用周围已有节点，手工生成二维单元。

✦✦✦✦✦ **思 考 题** ✦✦✦✦✦

1．什么是无几何表面网格划分？主要有哪些网格划分面板？(仅由边框组成的几何模型，主要有 Yuled、spline、skin、grag、spin、line drag 等面板)

2．三角形筋板通常采用什么方法进行 2D 分网？(2D → skin)

✦✦✦✦✦ **练 习 题** ✦✦✦✦✦

试画出如图 14-9 所示的网格尺寸不同的网格？(依照函数分布或通过改变网格尺寸)

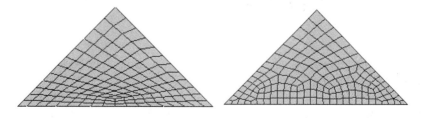

图 14-9　密度不同的 2D 网格

项目 15

轴承支架 3D 分网

 学习目标

❖ 导入 CAD 模型
❖ 去除面的圆角
❖ 体的切分
❖ 通过映射生成体网格

重点、难点

❖ 重点：去除面的圆角
❖ 难点：如何切分体使之成为可映射的

项目 15

1. 项目说明

对图 15-1 所示的几何模型进行 3D 分网。

图 15-1　由线组成的几何模型

2. 项目规划

对于复杂几何模型首先规划出如何切分使其成为可映射的，针对本项目具体步骤如下：

(1) 取消面圆角。

(2) 进行 3 次体切割。

(3) 利用映射进行分网。

3．项目实施

STEP01 简化几何模型

(1) 导入几何模型数据文件 Pro15.iges。

(2) 在主页面单击 Geom → defeature，进入特征处理面板。

(3) 选择 surf fillets 子面板。

(4) 右键单击 find fillets in selected 下的 surfs，并选择 displayed。

(5) 在 min radius 和 max radius 文本框内分别输入 0.5 和 5.0。

(6) 单击 find 按钮，右键单击中间的大圆角将其取消选择，如图 15-2 所示。

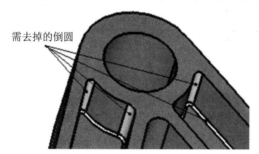

需去掉的倒圆

图 15-2 需简化的面倒圆

(7) 单击 remove 按钮，将圆角转换为直角。

(8) 单击 return 按钮，返回主页面。

STEP02 第一次切割几何体

(1) 在主页面单击 Geom → solid edit，进入体编辑面板。

(2) 选择 trim with plane/surf 子面板。

(3) 激活 with surfs 下的 solids，并选择体。

(4) 激活 surfs，并选择图 15-3 所示的面。

(5) 单击 trim 按钮。

(6) 重复步骤(3)~(5)，切分另一侧。

(7) 将显示模式切换为 Mappable，结果如图 15-4 所示。

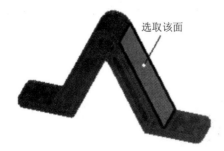

选取该面

图 15-3 选择面对体进行一次切割   图 15-4 两边可映射，中间不可映射

STEP03　第二次切割几何体

(1) 激活 with surfs 下的 solids，并选取不可映射的中间部分，激活 surfs，并选取如图 15-5 所示的面。

(2) 单击 trim 按钮。

(3) 重复步骤(1)和(2)，切分另一面，结果如图 15-6 所示。

图 15-5　选取切分体的面　　　　　　　图 15-6　第二次切分结果

STEP04　第三次切割几何体

(1) 选择 trim with lines 子面板。

(2) 激活 sweep with lines。

(3) 选取如图 15-7 所示的体与线，方向设置为 z-axis。

(4) 单击 trim 按钮。

(5) 重复步骤(3)和(4)，切分另一侧，结果如图 15-8 所示。

(6) 单击 return 按钮，返回主页面。

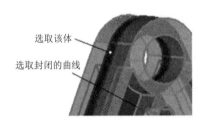

图 15-7　选取切分的体与线　　　　　　图 15-8　可映射的体

STEP05　多体单元网格映射

(1) 在主页面单击 Geom → solid map，进入体单元映射面板。

(2) 选择 multi solids 子面板，在 elem size 文本框中输入 3.0。

(3) 单击 solids，并选择 displayed，单击两次 mesh 按钮，最终结果如图 15-9 所示。

(4) 单击 return 按钮，返回主页面。

图 15-9　体单元

4．项目小结

(1) 领悟该项目不可映射的原因。

(2) 考虑切分次序。

(3) 切分的方法不仅有线切分，还有面切分等，都应掌握。

(4) 黄色面为共享面，无法删除。

✦✦✦✦✦ **思 考 题** ✦✦✦✦✦

HyperMesh 是如何进行 3D 自动网格划分多体的？(在 2D 基础上拉伸、旋转等)

✦✦✦✦✦ **练 习 题** ✦✦✦✦✦

1．导入图 15-10 所示的几何模型 Exer15-1.iges，并对其进行 3D 分网。

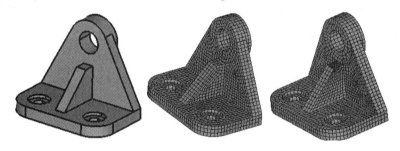

图 15-10　几何模型、3D 自动划分与人工划分网格模型

2．导入图 15-11 所示几何模型 Exer15-2.iges，并对其进行 3D 分网。(两种分网方法)

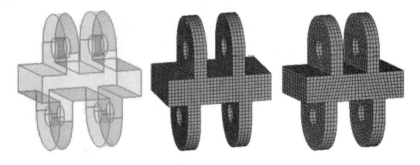

图 15-11　几何模型和 3D 网格模型

项目 16

球体 3D 网格划分

学习目标

- ❖ 对称体的镜像操作
- ❖ 如何切分体使之成为可映射的
- ❖ 理解和掌握映射分网的思想及方法

重点、难点

- ❖ 理解、掌握映射分网的思想和方法

项目 16

1. 项目说明

创建如图 16-1 所示的实体几何模型，并对其进行 3D 分网。

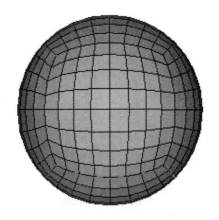

图 16-1　球体网格模型

2. 项目规划

由于球心不可映射，所以必须将球心单独切分出来，可切分成理想网格样子的正方体。然后再对其余部分切分，使每个部分都成为可映射的体，其具体步骤如下：

(1) 在中心切出正方体。

(2) 切分其余部分。

(3) 对多体进行分网。

3. 项目实施

STEP01　创建球体

(1) 将显示模式切换为 By Topo 模式。

(2) 在主页面单击 Geom → lines，进入线创建面板。

(3) 进入 Geom → solids 面板，创建一个球体，如图 16-2 所示。

(4) 单击 return 按钮，返回主页面。

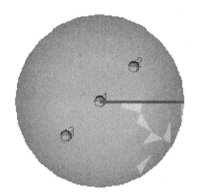

图 16-2　球体

STEP02　切割球体使之成为可映射的

(1) 在主页面单击 Geom → solid edit，进入体编辑面板，在中央创建一个正方体，如图 16-3 所示。

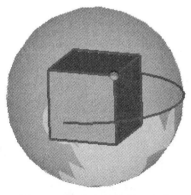

图 16-3　在中央创建的正方体

(2) 将球体均匀地切分成如图 16-4 所示的 7 个部分。

(3) 删除 5 个部分，只保留图 16-5 所示的正方体和其中 1 个部分。

(4) 单击 return 按钮，返回主页面。

图 16-4　将球体切割成 7 个部分

图 16-5　待划分网格的体积

STEP03　对切分的体进行 3D 分网

(1) 对正方体进行 3D 映射分网，如图 16-6 所示。

(2) 对正方体的任——个面进行 2D 自动网格划分，如图 16-7 所示。

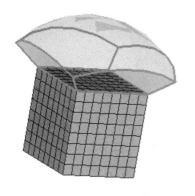

图 16-6　正方体网格

图 16-7　侧面 2D 自动网格划分

(3) 在标签域内隐藏 3D 单元。

(4) 在主页面单击 3D → solid map>，进入 3D 分网。

(5) 选择 general 子面板，按照图 16-8 所示进行设置。

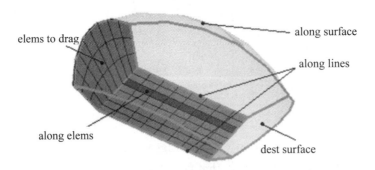

图 16-8　扫描 3D 网格

(6) 单击 mesh 按钮，进行 3D 映射网格划分，结果如图 16-9 所示。

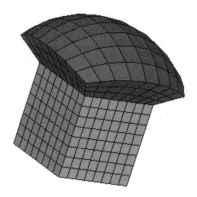

图 16-9　3D 映射网格

(7) 对上部 3D 网格进行 6 次镜像，结果如图 16-10 所示。

(8) 进入 Post → hidden line 面板，通过隐藏部分单元来检查内部是否连接正常，如图 16-11 所示。

(9) 在主页面单击 Tool → faces，进入 3D 单元表面，创建 2D 单元面板。

(10) 选择 elems → displayed，选择图形区显示的所有单元。

(11) 指定一个较大的 tolerance = 值，单击 preview equiv 按钮，找到符合条件的节点。

(12) 单击 equivalence 按钮，将间距小于 tolerance 的节点缝合到一起。

(13) 单击 return 按钮，返回主页面。

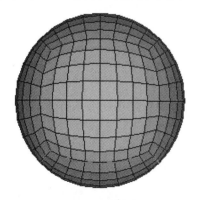

图 16-10　经缝合后网格划分结果

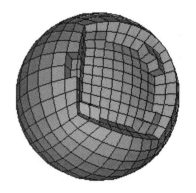

图 16-11　检查内部连接情况

4．项目小结

Solid Map 网格划分机制：网格映射仅能应用于那些可被划分为逻辑立方体网格的体，要成为一个逻辑立方体网格，一个体网格必须满足以下普遍要求：

① 网格体上必须有且仅有 8 个与 3 个网格元素的面连接的网格节点(这 8 个网格节点组成了该逻辑立方体网格的 8 个角点)。

② 每个作为角点的网格节点必须通过直的网格边，与其他 3 个作为角点的网格节点相连接。也就是说，所有的一连串网格边是属于网格节点的一个逻辑行。

所谓体可映射描述如下：为了能采用 Solid map 方法，一个体应当包含 6 个逻辑面(six

sides)。每个面(side)如果经过正确的顶点设定，都应该能用 Map 方法进行(面)网格划分，注意体上的每个逻据面(side)都可能包含超过一个面(face)。

球体划分方法较多，下面给出另外两种划分方法，其本质是一样的。

方法一：

(1) 创建球体。

① 在主页面单击 Geom → nodes，进入节点创建面板，创建两个节点，即节点 1(0, 0, 0) 和节点 2(–20, 20, 20)。

② 在主页面单击 3D → solid，进入体创建面板，对应 center 选择节点 1，Radius= 50.0，创建球体，如图 16-12 所示。

③ 单击 return 按钮，返回主页面。

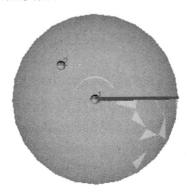

图 16-12　球体

(2) 切分球体。

① 利用过圆心的 3 个 x, y, z 主平面，将球体等分为 8 块，只保留一块，切分结果如图 16-13 所示。

② 利用过节点 2 的 3 个 x, y, z 主平面，在 1/8 球体中央切分出立方体，如图 16-14 所示。

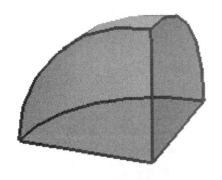

图 16-13　1/8 球体

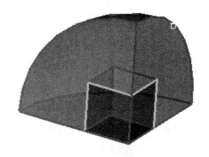

图 16-14　切割立方体

(3) 对切分的体进行 3D 分网。

① 采用 Mappable 模式显示。

② 在主页面单击 3D → solid map，进入映射面板。

③ 选择 one volume 分别对正方体和剩余部分进行网格划分。

④ 在 elem size= 文本框内输入 5.0，将 source shells 切换为 quads。

⑤ 单击 mesh 按钮，结果如图 16-15 所示。

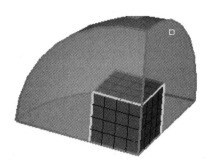

图 16-15　对立方体划分网格

⑥ 选择剩余部分进行同样的操作，如图 16-16 所示。

图 16-16　对剩余部分划分网格

⑦ 对 1/8 的网格模型进行镜像，得到完整的球体网格，如图 16-17 所示。

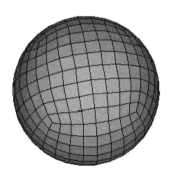

图 16-17　球体网格

(4) 检查网格模型连续性。

① 在主页面单击 Tool → faces，进入 face 面板，创建 2D 单元。

② 选择所有单元，单击 find faces 按钮。

③ 选择 elems → displayed，选择图形区显示的所有单元。

④ 单击 preview equiv 按钮。在节点处间距小于容差的节点呈高亮显示。

⑤ 指定一个较大的 tolerance= 值，单击 preview equiv，找到更多符合条件的节点。

⑥ 重复上述步骤，直至所有在镜像面内的节点都被选中。

⑦ 单击 equivalence 按钮，将间距小于 tolerance 的节点缝合到一起。

⑧ 单击 return 按钮，返回主页面。

方法二:

① 创建球体。

② 将球体对称切割成两部分，删除其中一部分，如图 16-18 所示。

③ 在剖分平面内画一条曲线，如图 16-9 所示。

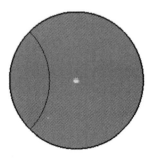

图 16-18   切分后的半球体   图 16-19   剖分平面上的曲线

④ 使用所创曲线在半球体内创建一个回转曲面，如图 16-20 所示。

⑤ 使用所创曲面将半球切割成两部分，如图 16-21 所示。

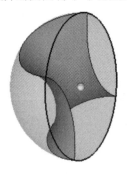

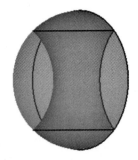

图 16-20   球体内部创建一个回转曲面   图 16-21   将半球切割成两部分

⑥ 将显示模式切换成 Mappable，这时呈现出的两部分都是可映射的。

⑦ 采用多体映射方法对半球体进行 3D 分网，如图 16-22 所示。

⑧ 镜像出另一半网格，并检查其连续性，如图 16-23 所示。

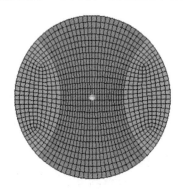

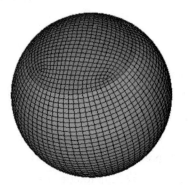

图 16-22   内部连接情况   图 16-23   完整的 3D 网格

✦✦✦✦✦ **思 考 题** ✦✦✦✦✦

1. 什么情况下需要检查单元的连续性？(经过 reflect 等操作后的网格必须检查)
2. 对于圆环体如何划分？(切分开，思考为什么必须切开才可映射)

✦✦✦✦✦ **练 习 题** ✦✦✦✦✦

1. 自建带有球缺的几何模型，并对其进行 3D 分网，如图 16-24 所示。

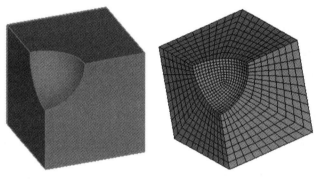

图 16-24　几何与网格模型

2. 自建带有大斜面杆件的几何模型，如图 16-25 所示，并对其进行 3D 分网。

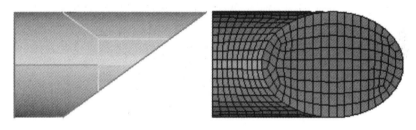

图 16-25　几何与网格模型

项目 17

连杆 3D 网格划分

 **学习目标**

- ❖ 使用截面扫描分网
- ❖ 线性拉伸网格
- ❖ 3D 网格的偏置

 **重点、难点**

- ❖ 如何切分实体使之成为可映射的体

项目 17

1. 项目说明

导入如图 17-1 所示的实体几何模型 Pro17.igs，并对其进行 3D 网格划分。

图 17-1　几何模型

2. 项目规划

本项目模型是不可映射的，必须对体进行必要的切分，使之成为可映射的体。经过分析可知，圆柱与直臂交汇处无法映射，将其分开即可，具体步骤如下：

(1) 先将两个圆柱分离，再将直臂分离。

(2) 使用对多体分网的方法进行分网，为了得到更好的结果，可先人工生成 2D 网格。

3. 项目实施

STEP01 在两圆柱的端面创建两个圆

(1) 导入几何模型 Pro17.igs。

(2) 将显示模式设置为 By Topo。

(3) 在主页面单击 Geom → lines,进入线创建面板。

(4) 选择 Circle Three Nodes ⬤,在圆周上任选 3 个点。

(5) 单击 create 按钮,创建 1 个圆。

(6) 选择 Extract Edge ▦,创建另一个圆,如图 17-2 所示。

STEP02 对几何体进行切割

(1) 在主页面单击 Geom → solid edit,进入体编辑面板。

(2) 选择 trim with lines 子页面,激活 with sweep lines。

(3) 分别使用 STEP01 创建的圆和切线对体进行切割,如图 17-3 所示。

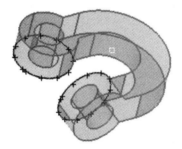 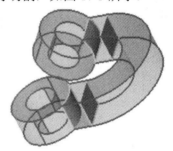

图 17-2 在圆柱上创建圆　　　　　图 17-3 对体进行切割

STEP03 对两圆柱端面进行 2D 分网

(1) 在主页面单击 2D → automesh,进入 2D 自动分网页面。

(2) 选择 size and bias 子面板,在图形区选择圆柱的两个端面。

(3) 在 element size= 文本框中输入 2.0。

(4) 将 element type 设置为 quads,将 meshing mode 设置为 interactive。

(5) 选择 density 子页面,调整网格密度。

(6) 单击 mesh 按钮,如图 17-4 所示。

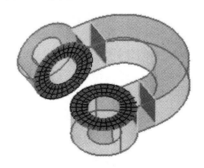

图 17-4 在圆柱上创建圆

(7) 单击 return 按钮，返回主页面。

STEP04　对两圆柱进行 3D 分网

(1) 在主页面单击 3D → elem offset，进入偏置面板。

(2) 选择 solid layers 子面板。

(3) 激活 elems 选择器，选择上面创建的 2D 网格。

(4) 在 number of layers= 文本框中输入 5(拉伸网格的层数)。

(5) 在 thickness= 文本框中输入 10(拉伸网格的厚度)。

(6) 单击 offset+，拉伸获得的网格，如图 17-5 所示。

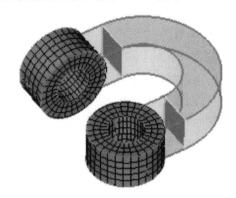

图 17-5　对体进行切割

注意："+"表示沿二维单元的正法向进行拉伸；"−"表示沿二维单元负法向进行拉伸。在主页面 Tool → normals 进入法线编辑面板，可以检查和编辑单元的法向。

STEP05　对弯臂与圆柱之间的直面段进行 3D 分网

(1) 在主页面单击 2D → automesh，进入 2D 自动分网页面。

(2) 在图形区选择两个方形截断面，并对其进行 5×5 分网，如图 17-6 所示。

(3) 在主页面单击 Tool → faces，进入在 3D 网格表面创建 2D 网格面板。

(4) 将对象选择器切换为 elems，右键单击 elems 并选择 by config，右键单击 config 并选择 hex8。

(5) 单击 select entities 按钮。

(6) 单击 find faces 按钮，如图 17-6 所示。此时，已在三维单元上创建了二维单元，这些单元均放置在名为^faces 的临时组件中。

(7) 在主页面单击 3D → linear solid，进入线性拉伸 3D 网格创建面板。

(8) 在 from：elems 选择器激活的情况下，选择 faces 组件上位于圆柱上的 2D 网格。

(9) 单击 to：elems，选择步骤(2)创建的 2D 网格。

(10) 单击 from：alignment：N1，选择 3 个节点。

(11) 单击 to：alignment：N1，选择对应的 3 个节点。

注意：以上两个步骤中节点选择顺序及映射位置必须一致。

(12) 在 density= 文本框中输入 3，表示在两壳单元之间生成的网络数。

(13) 单击 solids 按钮，完成网格划分，如图 17-7 所示。

(14) 单击 return 按钮，返回主页面。

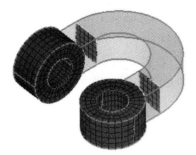
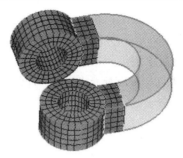

图 17-6　在圆柱上创建圆　　　　　　　　　图 17-7　对体进行切割

STEF06　在半圆中心处创建一个节点

(1) 按快捷键<F4>，进入 distance 面板。

(2) 进入 three nodes。

(3) 选择 N1 激活的状态下在圆上单击 3 次，选择 3 个点。

(4) 单击 circle center 按钮，在圆心处创建 1 个节点，如图 17-8 所示。

(5) 单击 return 按钮，返回主页面。

STEP07　对半圆柱进行 3D 分网

(1) 在主页面单击 3D → spin，进入旋转面板。

(2) 选择 spin_elems 子面板。

(3) 选择上述创建的 5×5 二维网格，所选单元呈高亮显示，如图 17-8 所示。

(4) 在 angle= 文本框中输入 180(旋转角度)。

(5) 在旋转方向上选择 y-axis。

(6) 将圆心设置为基点(B)。

(7) 在 on spin= 文本框中输入 30(旋转路径上的网格数)。

(8) 单击 spin-按钮，旋转获得网格，如图 17-9 所示。

(9) 单击 return 按钮，返回主页面。

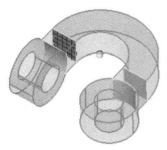
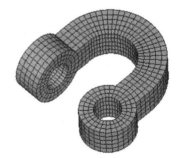

图 17-8　所选 5×5 二维网格　　　　　　　图 17-9　最终获得的六面体网格

STEP08　检查网格模型连续性

(1) 在主页面单击 Tool → faces，进入 face 面板。

(2) 选择 elems → displayed，选择图形区显示的所有单元。

(3) 单击 find faces 按钮，在 3D 单元表面创建 2D 面单元。

(4) 选择 elems → displayed，选择图形区显示的所有单元。

(5) 单击 preview equiv 按钮，在半圆和直线段之间符合条件的节点呈高亮显示。

(6) 指定一个较大的 tolerance= 值，单击 preview equiv，找到更多符合条件的节点。

(7) 重复上述步骤，直至 25 个节点都被选中。

(8) 单击 equivalence 按钮，将间距小于 tolerance 的节点缝合到一起。

(9) 单击 return 按钮，返回主页面。

4. 项目小结

(1) 本项目也可采用映射(Solid map)方法。为了创建出高质量 3D 网格，需将 2D 网格手动创建，请读者自行完成。

(2) faces 面板用于在一组 3D 单元中找到自由面(不连续的面)，同时也可以显示并删除重复节点。通过 faces 面板在实体不连续处找到模型的自由面，并且这些自由面高亮显示。一旦找到自由面，根据指定的容差使用 equivalence 合并的方法，删除重复节点。preview equiv 可以预览将要合并的节点。

✦✦✦✦✦ 思 考 题 ✦✦✦✦✦

1. 3D 分网中 drag 与 line drag 有什么区别？(路径直线与曲线)

2. 什么样的体是可映射的？判断如图 17-10 所示的体是否可映射，哪个方向可映射？

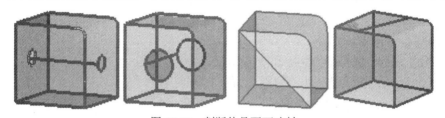

图 17-10　判断体是否可映射

✦✦✦✦✦ 练 习 题 ✦✦✦✦✦

自建等径圆柱相贯的几何模型，如图 17-11 所示，并对其进行 3D 分网。(在映射 3D 单元时，源面可以是多个面，目标面只允许一个面，否则不可自动映射，并且源面到目标面之间的路径上不可有障碍，否则也不可映射。第二个可映射)

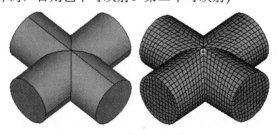

图 17-11　圆柱相贯模型

项目 18

复杂结构体 3D 网格划分

学习目标

- ❖ 通过面生成实体
- ❖ 切分实体成若干个简单、可映射的部分
- ❖ 使用 solid map 功能创建六面体网格

重点、难点

- ❖ 重点：什么样的实体可映射？什么样的实体不可映射？
- ❖ 重点：使用 solid map 功能创建六面体网格
- ❖ 难点：如何将体切分成可映射的

项目 18

1. 项目说明

对图 18-1 所示的几何模型进行 3D 分网。

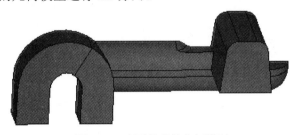

图 18-1　由面组成的几何模型

2. 项目规划

这是一个由面组成的几何模型，必须先创建体后再分网，具体操作步骤如下：

(1) 由闭合面创建实体。

(2) 切分实体使其成为可映射的。

(3) 使用映射方法进行网格划分。

3．项目实施

STEP01　打开模型文件

(1) 启动 HyperMesh，在 User profiles 对话框中选择 Default(HyperMesh)。

(2) 单击 OK 按钮。

(3) 单击工具栏上的 ![按钮] 按钮，在弹出的 Open file 对话框中选择 Pro18.hm 文件。

(4) 单击 Open 按钮，文件将被载入到当前 HyperMesh 进程中，取代进程中已有数据。

STEP02　使用闭合曲面(bounding surfaces)功能创建实体

(1) 在主页面单击 Geom → solids，进入体创建面板。

(2) 单击 ![按钮] 按钮，进入 bounding surfaces 子面板。

(3) 勾选 auto select solid surface 复选框。

(4) 选择图形区任意一个曲面，此时模型所有面均被自动选中。

(5) 单击 create 按钮，创建由闭合面围成的实体，状态栏提示已经创建一个实体。

(6) 单击 return 按钮，返回主页面。

注意：实体与闭合曲面的区别是实体边线比曲面边线粗。

STEP03　使用边界线(bounding lines)切分实体

(1) 在主页面单击 Geom → solid edit，进入体编辑面板。

(2) 选择 trim with lines 子面板。

(3) 激活 with bounding lines 栏下的 solids 选择器，单击模型任意位置。此时整个模型被选中，呈现出高亮白色。

(4) 激活 lines 选择器，在图形区选择如图 18-2 所示的边界线。

(5) 单击 trim 按钮，创建一个切分面(黄色)，模型被切分成两部分，如图 18-3 所示。

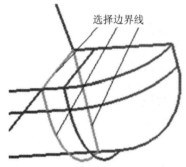

图 18-2　选择边线

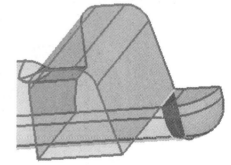

图 18-3　切分后的实体模型

STEP04　使用切割线(cut line)切分实体

(1) 激活 with cut line 栏下的 solids 选择器，选择 STEP03 切分出的较小四面体。

(2) 单击 drag a cut line 按钮。

(3) 在图形区选择两点，拉伸一条切割线，将四面体分为两部分，如图 18-4 所示。

(4) 单击鼠标中键确认，切分开所选实体。

(5) 选择切分后的实体下半部分，如图 18-5 所示。

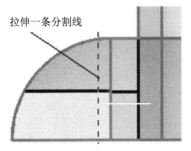

图 18-4　第一次切分实体

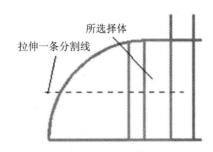

图 18-5　选择实体(平面观)

(6) 使用 with cut line 工具，按图 18-5 所示拉伸一条切分线继续切分实体。

(7) 选择如图 18-6 所示的实体。

(8) 使用 with cut line 工具，按图 18-7 所示继续切分实体。

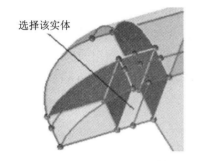

图 18-6　选择实体(立体观)

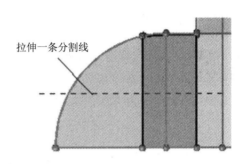

图 18-7　第二次切分实体

STEP05　合并实体

(1) 选择 merge，进入合并实体面板。

(2) 激活 to be merged 下的 solids 选择器，选择如图 18-8 所示的 3 个实体。

(3) 单击 merge 按钮，合并这 3 个实体，合并后的结果如图 18-9 所示。

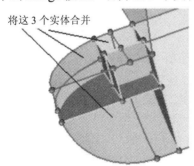

图 18-8　选择 3 个实体进行合并

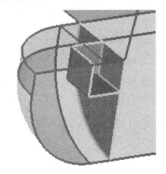

图 18-9　合并后的结果

STEP06　使用平面切分实体

(1) 进入 trim with plane/surf 子面板。

(2) 激活 with plane 下的 solids 选择器，选择较大实体。

(3) 将方向选择器设置为 N1、N2、N3(此处选择 N1、N2、N3 所在斜面更为方便)。

(4) 选择如图 18-10 所示的 3 个节点。

(5) 单击 trim 按钮，切分所选实体，模型切分后结果如图 18-11 所示。

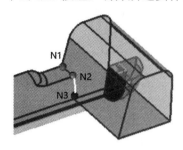
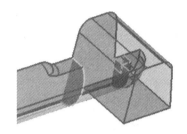

图 18-10　选择节点　　　　　　　　图 18-11　切分实体

STEP07　**使用扫略线(sweep line)切分实体**

(1) 选择 trim with line 子面板。

(2) 激活 with sweep lines 栏下的 solids 选择器，选择如图 18-12 所示的实体。

(3) 激活 line list 选择器，选择 STEP06 中定义 N1、N2、N3 点所用到的线。

(4) 将 sweep to:下的方向选择器设置为 x-axis，扫略方式设置为 sweep all。

(5) 单击 trim 按钮，切分所选实体。

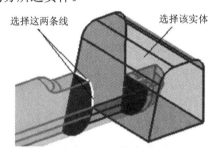

图 18-12　选择边线和需要切分的实体

STEP08　**使用主平面切分实体**

(1) 进入 trim with plane/surf 子面板。

(2) 在 with plane 下激活 solids 选择器，选择如图 18-13 所示的实体。

(3) 将方向选择器切换为 z-axis，确定图 18-13 所示的点为基点。

(4) 单击 trim 按钮，切分所选实体，切分后的实体如图 18-14 所示。

(5) 单击 return 按钮，返回主页面。

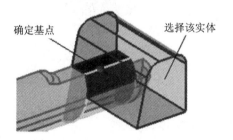
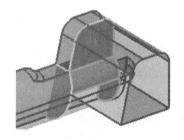

图 18-13　选择实体与确定基点　　　　　　图 18-14　切分后的实体模型

STEP09　在实体内部创建曲面，并使用此面切分实体

(1) 在主页面单击 Geom → surfaces，进入曲面创建面板。

(2) 选择 Spline/Filler，进入由闭合边线围成的曲面创建子面板。

(3) 取消选择 auto create(free edge only) 复选框，激活 keep tangency 复选框。

(4) 选择如图 18-15 所示的 5 条线。

(5) 单击 create 按钮，创建曲面，如图 18-16 所示。

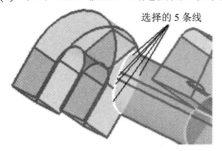
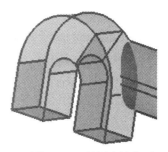

选择的 5 条线

图 18-15　选择封闭的 5 条线　　　　　　　图 18-16　所创建的曲面

(6) 单击 return 按钮，返回主页面。

(7) 在主页面单击 Geom → solid edit 进入体编辑子面板。

(8) 选择 trim with plane/surf 子面板。

(9) 激活 with surfs 栏下的 solids 栏选择器，选择要切分的实体。

(10) 激活 surfs 选择器，选择刚刚创建的曲面。

(11) 取消选择扩展切分器 extend trimmer。

(12) 单击 trim 按钮，切分实体如图 18-16 所示。

(13) 单击 return 按钮，返回主页面。

(14) 在主页面单击 Geom → surfaces，进入面创建面板。

(15) 单击　按钮，进入 spline/filler 子面板。

(16) 选择如图 18-17 所示的 4 条线。

(17) 单击 create 按钮，创建一个平面，如图 18-18 所示。

(18) 单击 return 按钮，返回主页面。

(19) 在主页面单击 Geom → solid edit，进入体编辑面板。

(20) 选择 trim with plane/surf 子面板。

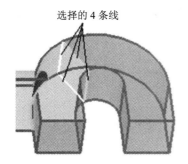
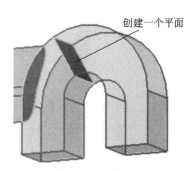

选择的 4 条线　　　　　　　　　　　　　　创建一个平面

图 18-17　选择 4 条线　　　　　　　　图 18-18　切分后的几何模型

(21) 激活 with surfs 栏下 solids 选择器，选择如图 18-17 所示的实体。

(22) 激活 with surfs 栏下 surfs 选择器，选择刚刚创建的平面。

(23) 取消选择 extend trimmer 复选框。

(24) 单击 trim 按钮，切分后的几何模型如图 18-18 所示。

(25) 单击 return 按钮，返回主页面。

STEP10 压缩模型上的小坡角边线，以便进行网格划分

(1) 在主页面单击 Geom → edge edit，进入边界编辑面板。

(2) 选择(un)suppress 子面板。

(3) 采用 by geom 方式选择，单击 lines。

(4) 激活 solids 选择器，选择如图 18-19 所示的 4 个实体。

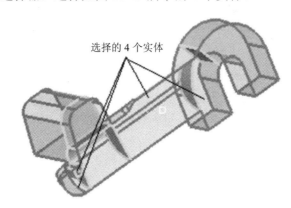

图 18-19　选择 4 个实体

(5) 单击 add to selection。

(6) 在坡角 breakangle= 文本框中输入 45(默认为角度)。

(7) 单击 suppress 按钮，压缩这些边，如图 18-20 所示。

(8) 单击 return 按钮，返回主页面。

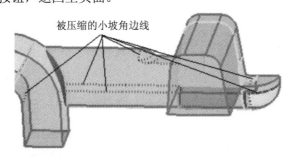

图 18-20　压缩小坡角后的几何模型

STEP11 对 1/8 半球区进行网格划分

(1) 在工具栏单击 Shaded Geometry and Surfaces Edges 按钮。

(2) 在主页面单击 3D → solid map，进入映射面板。

(3) 选择 one volume 子面板。

(4) 在 along parameters 栏下 elem size= 文本框中输入 1.0。

(5) 激活 volume to mesh 栏下的 solid 选择器，选择模型中的小立方体。

(6) 单击 mesh 按钮，对立方体分网，如图 18-21 所示。

(7) 在工具栏中单击 Shaded Elements and Meshlines 按钮。

(8) 选择如图 18-21 所示的实体。

(9) 单击 mesh 按钮，选择面，如图 18-22 所示。

(10) 单击 return 按钮，返回主页面。

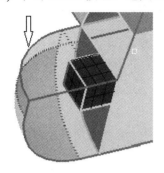

图 18-21　选择实体

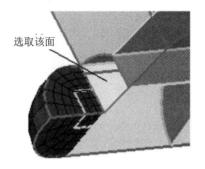

选取该面

图 18-22　选择面

STEP12　利用 automesh 面板创建壳单元网格

(1) 在主页面单击 2D → automesh，进入自动分网子面板。

(2) 选择 size and bias。

(3) 将划分方式切换为 interactive。

(4) 选择如图 18-22 所示的面。

(5) 在 elem size 文本框中输入 1.0，确认 mesh type 设置为 quads。

(6) 单击 mesh 按钮，对所选面进行交互式 2D 分网。

(7) 调整网格密度后再次单击 mesh 按钮，如图 18-23 所示。

(8) 单击 return 按钮，返回主页面。

STEP13　利用已创建 2D 网格对实体划分体网格

(1) 在主页面单击 3D → solid map，进入映射面板。

(2) 选择 one volume 子面板。

(3) 选择如图 18-23 所示的实体。

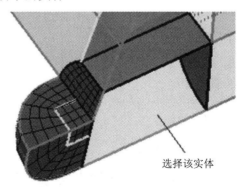

选择该实体

图 18-23　选择实体

(4) 在 along parameters 栏下将 elem size 转换为 density，并输入 10.0。

(5) 单击 mesh 按钮，生成的 3D 网格如图 18-24 所示。

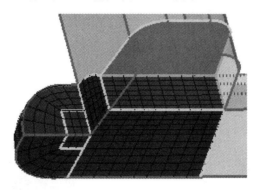

图 18-24　生成的 3D 网格

STEP14　对剩余的实体划分网格

(1) 在主页面单击 3D → solidmap，进入映射分网面板。

(2) 选择 one volume 子面板。

(3) 选取一个未划分网格的实体，所选实体要与已划分网格的实体相连，以保证网格的连续性。

(4) 将 source shells 切换到 mixed。

(5) 在 along parameters 栏下将 density 切换成 elem size，并输入 1.5。

(6) 单击 mesh 按钮，进行 3D 网格映射。

(7) 重复步骤(3)~(6)，划分其余实体，最终网格模型如图 18-25 所示。

(8) 单击 return 按钮，返回主页面。

图 18-25　网格模型

STEP15　删除模型内所有单元

(1) 按快捷键<F2>，进入 delete 面板。

(2) 激活选择器 elems，选择 all。

(3) 单击 delete entity 按钮，删除所有网格。

(4) 单击 return 按钮，返回主页面。

STEP16　使用映射视图模式显示模型

(1) 在工具栏单击 Shaded Geometry and Surface Edges ◥ 按钮。

(2) 在 Geometry Color Mode 下拉菜单中选 Mappable 选项。

此时，模型中每个实体都将被渲染，实体上渲染的颜色代表其映射状态。本步骤的目的是检验每个实体是否具有一个或多个方向的映射性。如图 18-26 所示将模型切换到映射视图模式，可以看到有一个实体(小立方体)具有 3 个方向的映射性，其余实体具有 1 个方向的映射性。

图 18-26　模型映射状态图

STEP17　使用 multi solid 功能划分实体

(1) 在主页面单击 3D → solid map，进入 3D 映射网格面板。

(2) 选择 multi solids 子面板。

(3) 选择所有实体，将划分方式切换为 interactive。

(4) 将 source shell 设置为 mixed，在 elem size= 文本框中输入 1.0。

(5) 连续两次单击 mesh 按钮，此时几何模型将被按顺序划分 3D 网格，注意划分次序。

4．项目小结

(1) HyperMesh 创建 3D 网格的基本思想是，对源面上的 2D 单元进行适当的修改，经过拉伸、偏置、扫掠或变截面扫描等操作，形成 3D 单元。

(2) 为了保持节点连续性，可调整单元密度，必要时要沿着节点映射。

(3) 为了保证单元的质量，可先划好一个或几个面上的 2D 单元，再映射 3D 单元。

(4) 在映射 3D 单元时，源面可以是多个面，目标面只允许一个面，否则不可自动映射。此外，源面到目标面之间的路径上不可有障碍，否则也不可映射。

(5) 对于不可映射的部分，可通过手工拉伸、扫掠等方法划分单元。

(6) 对于 3D 单元，最好都要进行连续性检查。

(7) 单击工具栏上的 Visualization Options(▦)图标，在图形区左侧可以看到如图 18-27 所示的映射状态图例。各种颜色代表的映射状态解释如下：

- 1-direction：表示实体可以在 1 个方向映射划分网格。

- 3-direction：表示实体可以在 3 个方向映射划分网格。

- Ignored：表示实体需要进行切分，以实现映射性。

- Not mappable：表示实体已被切分，但还需进一步切分才能达到可映射状态。

图 18-27　映射状态图例

(8) 可通过 preferences → colors → Geometry(或快捷键<O>)将颜色改变成自己喜欢的颜色。

✦✦✦✦✦　**思 考 题**　✦✦✦✦✦

1. 针对本项目的模型，如何确保所划分的单元都是六面体单元？(映射前划分好邻面)

2. 翘曲角 warpage 与坡角 breakangle 各指什么？(用四边形的对角线将四边形分成两个三角形，这两个三角形的法线所夹锐角为翘曲角 warpage，源于几何学。相邻网格的两边所夹锐角为坡角 breakangle，源于建筑学。二者相似，仅所指不同而已。本项目设置 breakangle 用于在选择边界时维持几何特征。如果曲面边界的邻接面法向夹角超过 breakangle 值，曲面边将不能压缩)

3. 在网格映射时，源面是一个面，而目标面是两个或多个面，可否映射？反之，即源面是两个或多个面，而目标面是一个面，如何？(前者可以映射；后者不可以映射)

✦✦✦✦✦　**练 习 题**　✦✦✦✦✦

自建带有圆孔的圆柱，并对其进行 3D 网格划分，如图 18-28 所示。(横向切分)

图 18-28　带有圆孔的圆柱

项目 19

托架臂 3D 网格划分

 学习目标

❖ 使用偏置进行分网
❖ 使用旋转进行分网
❖ 使用线性扫描进行分网
❖ 沿节点进行分网

重点、难点

❖ 进一步理解和掌握映射分网的概念和方法

项目 19

2. 项目规划

图 19-1 所示的是由面组成的几何模型，将其导入，并对其分网。

图 19-1 由面组成的几何模型

2. 项目规划

本项目使用的模型是由 4 个 IGES 格式的面组件构成的，分别是基座(base)、具有横截面相同的弯臂(arm curve)、截面逐渐变细直臂(arm straight)、带通孔圆柱体(boss)。对于复杂的几何模型，首先要规划出如何切分体，使其成为可映射的，本项目所给的模型已切分好。针对本项目可由左至右依次映射分网，其具体步骤如下：

(1) 对底座进行分网。

(2) 利用旋转对弯臂进行分网。

(3) 对直臂进行分网。

(4) 对圆柱体进行分网。

3．项目实施

STEP01　在包含 L 形面的基座上表面划分二维网格

(1) 打开模型文件 Pro19.hm。

(2) 在工具栏上将显示模式切换为 Auto 和面来显示模型。

(3) 在标签域内将 base 设置为当前工作组件。

(4) 在标签域内隐藏除 base 外的其他组件。

(5) 在主页面单击 2D → automesh，进入 2D 自动分网面板。

(6) 选择 size and bias 子面板。

(7) 在图形区选择包含 L 形面的基座上表面。

(8) 将 meshing mode 设置为 automatic。

(9) 在 element size= 文本框中输入 10.0，设置网格尺寸为 10 个单位。

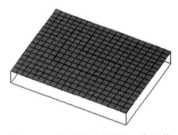

(10) 将 element type 设置为 quads。

(11) 单击 mesh 按钮，进行面网格划分，如图 19-2 所示。

(12) 单击 return 按钮，返回主页面。

图 19-2　基座上表面的二维网格

STEP02　在 base 上创建六面体网格

(1) 在主页面单击 3D → elem offset，进入偏置面板。

(2) 选择 solid layers 子面板。

(3) 激活 elems 选择器，选择基座上的二维单元。

(4) 在 number of layers= 中输入 5(即拉伸网格的层数)。

(5) 在 thickness= 文本框中输入 25(即拉伸网格的厚度)。

(6) 单击 offset+，拉伸获得的网格如图 19-3 所示。

注意："+"表示沿二维单元的正法向进行拉伸，"−"表示沿二维单元负法向进行拉伸。

图 19-3　基座的三维网格

STEP03　隐藏 3D 单元

(1) 在模型浏览器中显示 arm curve 组件。

(2) 在工具栏单击 mask(隐藏)面板，选择 element → by config → hex8。此步骤通过单元属性选择单元，hex8 表示 8 节点的六面体单元。

(3) 单击 select entities 按钮，所有具有 8 节点的六面体单元都已被选取。

(4) 选择 element → by config → penta6。

(5) 单击 select entities 按钮，所有具有 6 节点的五面体单元都已被选取。

(6) 单击 mask 按钮，隐藏所选单元。

(7) 单击 return 按钮，返回主页面。

注意：也可通过标签栏直接隐藏 3D 单元，更为直接、简便。

STEP04 在弯臂曲率中心处创建一个节点

(1) 按快捷键<F4>，进入 distance 面板。

(2) 选择 three nodes 子面板。

(3) 在 N1 激活的状态下，选取如图 19-4 所示曲线上的节点。

(4) 在曲线上单击 3 次，选择 3 个点。

(5) 单击 circle center 按钮，在曲线的曲率中心(圆心)处创建一个临时节点。

(6) 单击 return 按钮，返回主页面。

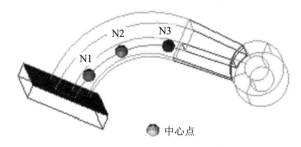

图 19-4 创建中心点

STEP05 使用旋转工具在弯臂上创建六面体单元

(1) 在标签域内选择 arm_curve，作为当前组件。

(2) 在主页面单击 3D → spin，进入旋转面板。

(3) 进入 spin_elems 子面板。

(4) 单击 elems 选择器，选择 by window，鼠标左键圈选 L 形面内的单元。

(5) 单击 select entities 按钮，所选单元呈高亮显示，如图 19-5 所示。

(6) 在 angle= 文本框中输入 90(即旋转角度)。

(7) 在旋转方向上选择 x-axis。

(8) 将曲线圆心设置为"基点(B)"。

(9) 在 on spin= 文本框中输入 24(即旋转路径上的网格数)。

(10) 单击 spin-按钮，旋转获得如图 19-6 所示的网格。

(11) 单击 return 按钮，返回主页面。

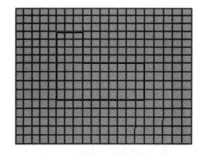

图 19-5 L 形面内的单元

图 19-6 弯臂六面体网格

STEP06 在六面体单元上创建单元

(1) 在主页面单击 Tool → faces，进入体表面创建面板。

(2) 将对象选择器切换为组件 comps，选择 arm_curve 组件。

(3) 单击 find faces 按钮，此时已在三维单元上创建了二维单元，这些单元均放置在名为 ^faces 的临时组件中。

STEP07　为直臂和圆柱体之间 L 形面划分网格

(1) 将 arm_straight 设置为当前工作组件。

(2) 在主页面单击 2D → automesh，进入自动分网面板。

(3) 选择直臂和圆柱体之间的 L 形面，这个面存放在 arm_straight 组件中。

(4) 将 meshing mode 设置为 interactive。

(5) 单击 mesh 按钮，进入自动分网程序。

(6) 选择 density 子面板，如图 19-7 所示调整网格密度。

(7) 单击 mesh 按钮，更新分网密度。

注意：网格密度必须与对面弯臂上的网格一一对应。

(8) 单击 return 按钮，返回 automesh 面板。

(9) 单击 return 按钮，返回主页面。

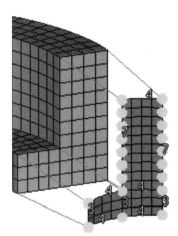

图 19-7　调整网格密度

STEP08　使用 linear solid 工具在两组壳单元之间创建三维单元

(1) 在主页面单击 3D → linear solid，进入直线拉伸 3D 网格创建面板。

(2) 在 from:elems 选择器被激活的情况下，选择 faces 组件上位于弯臂和直臂之间的壳单元，建议首先选择一个单元，然后使用 elems → by face 来选择其余所需的单元。

(3) 单击 to:elems，选择 STEP07 创建的壳单元。

(4) 单击 from:alignment:N1，选择如图 19-8 左上方所示的 3 个节点。

(5) 单击 to:alignment:N1，选择如图 19-8 右上方所示的 3 个节点。

注意：以上两个步骤中节点选择顺序及映射位置必须一致。

(6) 在 density= 文本框中输入 12，表示在两壳单元之间生成的 3D 网络数。

(7) 单击 mesh 按钮，完成网格划分，如图 19-9 所示。

(8) 单击 return 按钮，返回主页面。

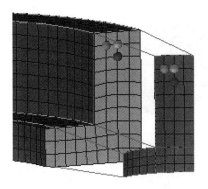

图 19-8　选择节点位置

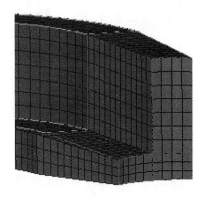

图 19-9　直臂六面体网格

STEP09　在 boss 组件底部创建壳单元

(1) 将 boss 设置为当前工作组件。

(2) 在主页面单击 Geom → automesh，进入自动分网子面板。

(3) 选择 boss 底部的 5 个面。

(4) 单击 mesh 按钮，进入自动分网程序。

(5) 按照图 19-10 所示，调整面上的网格密度。

(6) 单击 mesh 按钮，更新面上的网格密度。

(7) 单击 return 按钮两次，返回主页面。

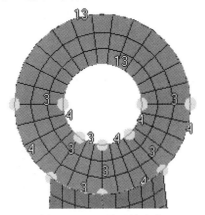

图 19-10　调整网格密度

STEP10　向 boss 上表面投影节点

(1) 在主页面单击 Tool → project，进入投影面板。

(2) 选择 to line 子面板。

(3) 选择如图 19-11 所示的节点。

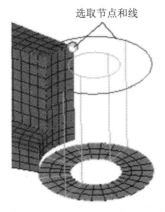

图 19-11　选取要投影的节点和线

(4) 单击对象选择器 nodes，选择 duplicate → current comp，复制已选中的节点，投影后投影到 boss 上表面的节点不是已选中的节点本身，而是其拷贝，这样就不会影响原有单元分布。

(5) 在 to line 栏中选择 boss 上表面的大圆，在 along vector: 中选择 x-axis。

(6) 单击 project 按钮，将复制节点投影到大圆上。

(7) 单击 return 按钮，返回主页面。

STEP11　使用 solid map 面板为 boss 组件划分六面体单元

(1) 在主页面单击 3D → solid map，进入映射面板。

(2) 选择 general 子面板。

(3) 切换 source geom: (none)，along geom: mixed。

(4) 在 along geom 栏下方单击 lines 按钮，选择如图 19-12 所示的直线。

(5) 单击 node path 按钮，将其激活。

(6) 按从下到上的顺序依次选择这些节点，如图 19-12 所示，共有 13 个节点。

(7) 在 elems to drag: 中选择 elems → by collector → boss 组件。

(8) 单击 destination geom: surf，选择 boss 上表面。

(9) 单击 mesh 按钮，此时模型已全部划分网格，如图 19-13 所示。

(10) 单击 return 按钮，返回主页面。

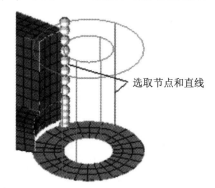
选取节点和直线

图 19-12　扫略路径节点位置

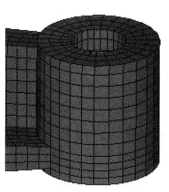

图 19-13　圆柱体六面体网格

STEP12　检查模型连续性

(1) 在主页面单击 Tool → faces，在 3D 单元的表面创建 2D 单元面板。

(2) 单击 comps 按钮，进入组件列表。

(3) 选择所有组件，或选择 comps → all。

(4) 单击 select 按钮，完成组件选择，并返回 faces 面板。

(5) 单击 find faces 按钮，在 3D 单元的表面创建 2D 单元。

(6) 在标签域内关闭所有组件的几何显示。

(7) 除^faces 组件外，关闭所有组件网格单元的显示。

(8) 单击 return 按钮，返回主页面。

(9) 在主页面单击 Post → hidden line(或按快捷键<F1>)，进入消隐面板。

(10) 激活 yz plane 和 trim plane 选项。

(11) 单击 show plot，此时图形区的面以切面形式显示，可以看到模型内部网格的情况。

(12) 在切面位置处单击，按住鼠标左键不放，并移动鼠标，此时切面将通过模型。通过这一功能可以看到模型内部任何一个单元，如图 19-14 所示，在 boss 和 arm 之间将看到有些单元并没有真正连接，因此需要进一步处理。

(13) 单击 return 按钮，返回主页面。

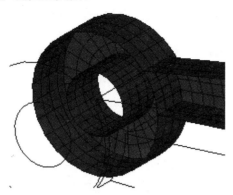

图 19-14 faces 网格切面显示

STEP13 校正模型单元连续性

(1) 显示除^faces 外的所有组件。

(2) 以透明模式显示 solid map 组件。

(3) 在主页面单击 Tool → faces，进入 faces 面板。

(4) 选择 elems → displayed，选择图形区显示的所有单元。

(5) 单击 preview equiv 按钮，在 boss 和 arm 之间符合条件的节点呈高亮显示。

(6) 指定一个较大的 tolerance= 值。

(7) 单击 preview equiv，找到更多符合条件的节点。

(8) 重复步骤(6)、(7)，直至 80 个节点都被选中，共有 $5 \times 8 + 10 \times 4 = 80$ 节点。

(9) 单击 equivalence 按钮，将间距小于 tolerance 值的节点缝合到一起。

(10) 单击工具栏上的 ▦，将所有组件以渲染模式显示。

STEP14 重新检查模型连续性

(1) 重新进行 STEP13 操作，确保模型中不连续节点全部被缝合。

(2) 删除^faces 组件。

(3) 单击 return 按钮，返回主页面。

4. 项目小结

(1) 为了更好地控制 boss 组件的网格生成质量，保证模型网格的连续性，在对 boss 进行分网时，需要使用已存在节点控制待生成网格的节点分布，就是沿节点拉伸网格。

(2) faces 面板用于在一组 3D 单元中找到自由面(即不连续的面)，同时也可用于显示并删除重复节点和单元。通过 faces 面板，在实体不连续处找到模型的自由面，并且高亮显示这些自由面。根据指定的容差，一旦找到自由面，使用 equivalence 合并的方法删除重复节点。Preview equiv 可以预览将要合并的节点。

❖❖❖❖❖ **思 考 题** ❖❖❖❖❖

如何补全缺失 3D(2D)单元？(3D → edit element)

✦✦✦✦　**练 习 题**　✦✦✦✦

导入几何模型 Exer19.iges，并对其进行 3D 分网，如图 19-15 和图 19-16 所示。

图 19-15　几何模型

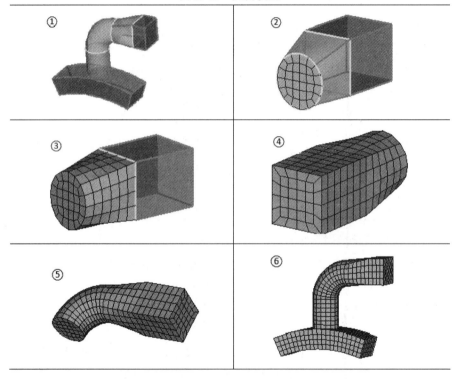

图 19-16　几何模型局部网格

项目 20

接头 3D 网格划分

 **学习目标**

❖ 对称模型分网时的处理

 重点、难点

❖ 进一步巩固和掌握映射分网的思路与方法

项目 20

1. 项目说明

图 20-1 所示的是由面组成的几何模型，将其导入，并对其分网。

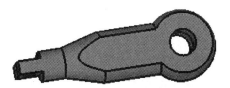

图 20-1　接头几何模型

2. 项目规划

考虑到该模型具有对称性，只对 1/4 划分网格即可，可由左至右依次映射分网，其具体步骤如下：

(1) 对体进行切割，取其 1/4。

(2) 将 1/4 继续切割，使之成为可映射的体。

(3) 对影响映射的边线进行压缩。

(4) 对可映射的体进行映射分网。

(5) 使用镜像，完成整个模型的分网。

3. 项目实施

STEP01　**对几何实体进行切割分块操作**

(1) 打开几何模型文件 Pro20.hm。

(2) 在主页面单击 Geom → solid edit，进入体编辑面板。

(3) 选择 trim with plane/surf 子面板。

(4) 激活 with plane/surf 下的 solids，选择图形区中整个实体，如图 20-2 所示。

(5) 激活面板上的 N1，并按图 20-3 所示依次选择 N1、N2、N3 和 B 这 4 个节点。

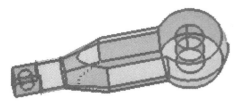 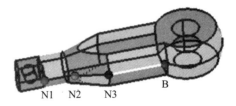

图 20-2　选择实体图　　　　　　　　　图 20-3　选取几何点

(6) 单击 trim 按钮，将实体切割成上、下对称的两个实体，如图 20-4 所示。

(7) 在主页面单击 Geom → distance，进入测距子面板，选取如图 20-5 所示的 N1、N2 和 N3 这 3 个节点。

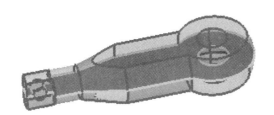 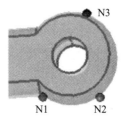

图 20-4　实体被切割为上、下两部分　　　　　图 20-5　选择节点

(8) 单击 circle center 按钮，在圆心处创建 1 个节点。

(9) 进入 solid edit 子面板。

(10) 选择 trim with plane/surf 子面板。

(11) 激活 with plane/surf 下的 solids，选择上半部分实体。

(12) 选择 with plane 下的 z-axis，并选择圆心处的节点。

(13) 单击 trim 按钮，将实体切分成前、后对称的两部分，如图 20-6 所示。

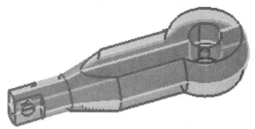

图 20-6　第二次切割实体

STEP02　删除多余实体和临时节点

(1) 单击 Delete✖按钮，进入 delete 面板。

(2) 激活对象选择器，设置为 solid，并勾选 delete bounding surfs 复选框。

(3) 选取 3/4 实体，并单击 delete entity 按钮，删除所选择 3/4 实体。

(4) 在主页面单击 Geom → temp node，进入临时节点面板。

(5) 单击 clear all 按钮，删除所有临时节点。

(6) 单击 return 按钮，返回主页面。

STEP03　继续将实体进行切分使之成为由五部分组成的可映射实体

(1) 进入 Geom → solid 面板，选择 trim with plane/surf 子面板。

(2) 激活 with plane 下的 solids 按钮，并选择实体。

(3) 将平面选择器转换为 x-axis。

(4) 激活基点 B，并选择如图 20-7 所示的节点 B。

(5) 单击 trim 按钮，将实体切分两部分。

(6) 重复步骤(2)~(5)，将实体切分成五部分。

(7) 设置成 Mappable 映射方式显示模型，如图 20-8 所示。

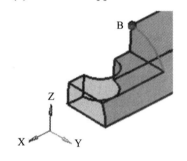 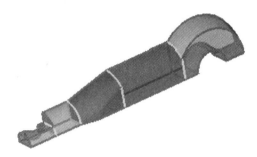

图 20-7　选择节点 B　　　　　　　　　　　图 20-8　实体切分成五部分

STEP04　进行几何清理使每一部分都成为可映射形式

(1) 在主页面单击 Geom → quick edit，进入几何快速编辑面板。

(2) 激活 toggle edge 后面 lines 按钮，然后左键单击图 20-9 中的曲线。该线被压缩，这一块实体便成为了可映射的体。

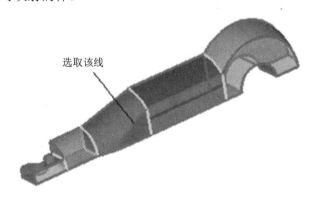

选取该线

图 20-9　压缩曲面交线

STEP05　用 one volume 命令划分网格

(1) 在主页面单击 3D → solid map，进入映射分网面板。

(2) 选择 one volume 子面板。

(3) 将 along parameters 下的按钮切换到 elem size，并输入 0.20。

(4) 将 volume to mesh 下的 solid 激活,选择图形区中最左边的一小块实体,并单击 mesh 按钮,这一小块便生成了 3D 网格,如图 20-10 所示。

(5) 采用同样的操作,将剩下的 4 块实体分别生成 3D 网格,最终结果如图 20-11 所示。

 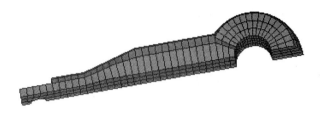

图 20-10　最左端实体划分的 3D 网格　　　　　图 20-11　全部实体 3D 网格模型

STEP06　用 Multi Solids 命令划分网格

(1) 按快捷键(F2)进入"删除"面板,将选择器切换为 elems,单击 elems 并设置为 all。

(2) 单击 delete entity 按钮,删除所有网格。

(3) 在主页面单击 3D → solid map → multi solids,进入多体网格划分面板。

(4) 在 elem size 文本框中输入 0.20,激活 solids 选择器,选择所有实体。

(5) 打开交互式开关 interactive,同时确认 edge density 子面板被选中,单击 mesh 按钮。

(6) 页面转换为如图 20-12 所示子面板,选中 by adjustment 下的 edge。

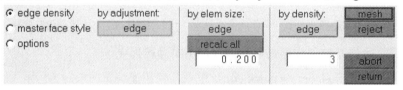

图 20-12　edge density 子面板

(7) 调整单元密度,直至合适为止,单击 mesh 按钮,分网结果如图 20-13 所示。

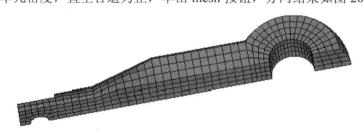

图 20-13　1/4 实休网格划分

STEP07　通过镜像 reflect 工具完成整体网格划分

(1) 在主页面单击 Tool → reflect,进入镜像面板。

(2) 将选择器切换为 elems,单击 elems 按钮,在弹出菜单中选择 displayed。

(3) 单击选择器,在弹出菜单中选择 duplicate → original comp。

(4) 激活方向选择器的 N1,在如图 20-14 所示对称面上依次选择 3 个不共线节点。

(5) 单击 reflect 按钮,进行镜像。

(6) 重复步骤(2)~(5),直到生成完整的 3D 网格模型,如图 20-15 所示。

(7) 单击 return 按钮,返回主页面。

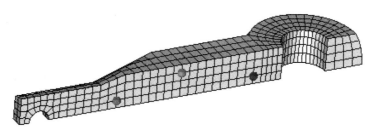

图 20-14　在对称面上选择 3 个节点

STEP08　**检查并修复所有网格的连续性**

(1) 在主页面单击 Tool → faces，进入体单元表面 2D 网格创建面板。

(2) 在文本框 tolerance= 内输入 0.02。

(3) 将选择器设置为 elems 按钮，点击 elems 按钮，在弹出菜单中选择 displayed。

(4) 单击 preview equiv 按钮，状态栏显示为 "5672 nodes were found"。

(5) 单击 equivalence 按钮，状态栏显示为 "5672 nodes were equivalenced"。

(6) 单击 return 按钮，返回主页面。最终的 3D 网格模型如图 20-15 所示。

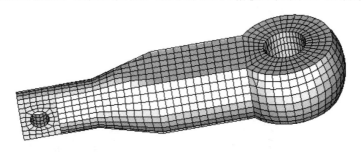

图 20-15　3D 网格模型

4. 项目小结

(1) 3D 单元如图 20-16 所示，主要分为以下 3 种：六面体 hex、五面体 penta 和四面体 tetra。hex 和 penta 的单元划分方式相同，3D 单元建模基本是指这两种单元。当然，有时为了能够描述模型特征也会少量使用 tetra。还有一种建模方式是全部使用 tetra 单元，称为三角形单元 tetra。而金字塔形单元 pyramid 一般不用，许多有限元软件不接受 pyramid 单元。

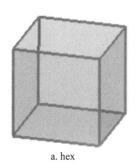
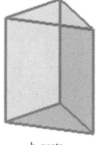
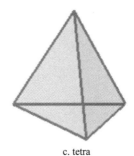

a. hex　　　　　　　　　　b. penta　　　　　　　　　　c. tetra

图 20-16　3D 单元模型

(2) 3D 单元的单元质量要求相对较低。对于 hex 和 penta 单元,通常考察翘曲角 warpage 和雅克比 jacobian 两个参数。warpage 的基本要求是最大 20º, 当 5º 以下时单元质量较高。jacobian 的要求是不小于 0.55, 若大于 0.7 时单元质量较高。同时, 对于一些形状复杂的模型还可以稍稍降低要求, 也是可以接受的。tetra 单元的建模要考察最小角 min angle 和坍塌比 tet collapse 两个参数。min angle 的标准是大于 20º, tet collapse 的标准是大于 0.5。

✦✦✦✦✦ 思 考 题 ✦✦✦✦✦

1. 3D → linear solid 与 solid mesh 有何区别?

(linear solid 源面与目标面均已生成同样的 2D 网格, 路径为直线, 而 solid mesh 是对由线构成的无几何体分网)

2. 在以六面体为主的单元中, 如何查出并显示四面体单元?

(elems → by config → penta6 或通过 Mask 标签下的 3D → Show, Hide, Isolate 来实现)

✦✦✦✦✦ 练 习 题 ✦✦✦✦✦

导入弯管几何模型 Exer20.iges, 并对其进行 3D 网格划分, 如图 20-17 所示。

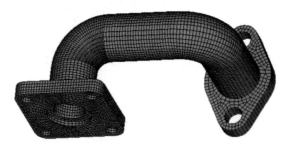

图 20-17　弯管网格模型

项目 21

上、中、下结构 3D 网格划分

 **学习目标**

❖ 沿给定曲线对面进行 2D 网格划分
❖ 沿给定节点生成 3D 网格
❖ 规划网格划分次序

 重点、难点

❖ 重点：沿给定曲线对面进行 2D 网格划分
❖ 难点：规划网格划分次序

项目 21

1．项目说明

图 21-1 所示的是由 SolidWorks 所建由面组成的几何模型，将其导入，并对其 3D 分网。

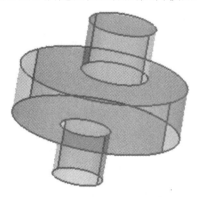

图 21-1　由面组成的几何模型

2．项目规划

本项目的几何模型是由上、中、下三个相互交错的圆柱组成的，这样的结构分网的方法较多，本质上都是采用拉伸方法形成 3D 网格，具有一定的代表性。这里仅给出 3 种方法，每种方法都要先对体进行切割，再逐次分网，在分网过程中单元节点必须对齐。

3. 项目实施

STEP01　对体进行切割

(1) 单击 Impute Geometry，导入几何模型 Pro21.igs。

(2) 选择 By Topo 和图标，以拓扑和面视图模式显示。

(3) 在主页面单击 Geom → solids，进入体创建面板。

(4) 选择 Bounding Surfaces 图标，在模型上任选一个面。

(5) 单击 create 按钮，这时模型线框加粗且呈绿色显示，表明完成由闭合面到体的创建。

(6) 进入 Geom → solid edit 体编辑面板，并选择 trim with plane/surf 子面板。

(7) 激活 with surfs 下的 solids，选择体，激活 surfs，选择大圆柱的上、下两个表面。

(8) 单击 trim 按钮，将体切割成上、中、下三部分，如图 21-2 所示。

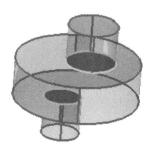

图 21-2　被分割的几何模型图

STEP02　对大圆柱上表面的两个圆进行 2D 分网

(1) 在主页面单击 2D → automesh，进入 2D 自动分网面板。

(2) 选择 size and bias 子面板。

(3) 在 element size= 文本框中输入 5.0，将 mesh type: 切换为 quads。

(4) 选择大圆柱上面两个圆围成的两个面。

(5) 单击 mesh 按钮，进行 2D 分网，如图 21-3 所示。

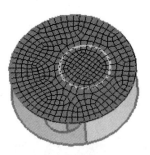

图 21-3　两个圆 2D 分网

STEP03　对这两个圆重新进行 2D 分网

(1) 将对象选择器切换为 elems，选择所有网格。

(2) 将下面所属选择器设置为 lines，并选择圆柱上、下底面的两个小圆。

(3) 单击 mesh 进行二次分网，可使节点与圆重合，如图 21-4 所示。

(4) 单击 return 按钮，返回主页面。

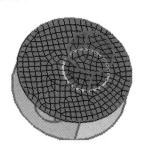

图 21-4　对上表面的圆进行二次分网

STEP04　对体进行映射 3D 分网

(1) 在主页面单击 3D → solid map，进入体映射网格面板。

(2) 选择 line drag 子面板，右键单击 elem to drag 下的 elems 按钮，选择 displayed，设置 elem size = 5.0，选择大圆柱的边线。

(3) 单击 mesh 按钮，进行直线拉伸分网。

(4) 重复步骤(2)～(3)，对另一圆柱进行 3D 分网，如图 21-5 所示。

(5) 单击 return 按钮，返回主页面。

注意：也可使用 ends only 面板进行 3D 网格映射，或使用 elem offset 面板进行 3D 分网。

图 21-5　对两个圆柱进行 3D 分网

STEP05　对第三个圆柱进行分网

(1) 在主页面单击 Tool → faces，进入在 3D 网格外表面创建 2D 网格面板。

(2) 右键单击对象选择器 elems，选择 displayed，单击 find faces 按钮，如图 21-6 所示。

(3) 单击 return 按钮，返回主页面。

(4) 重复执行 STEP04 的步骤(1)～(3)，如图 21-7 所示。

图 21-6　对上、中两个圆柱进行 3D 分网　　　　图 21-7　对下圆柱进行 3D 分网

4．项目小结

对于体网格的划分，划分策略最为重要，而策略的好与坏，取决于对 3D 网格创建原理的理解和经验。下面介绍另外两种分网方法，这里仅给出主要的步骤。

方法 1：

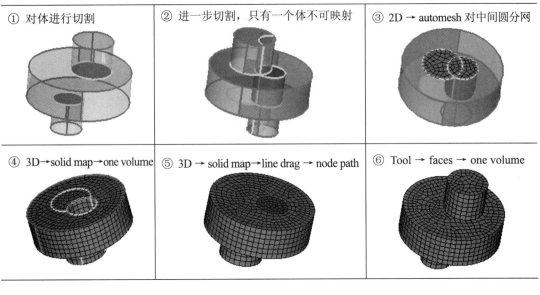

① 对体进行切割	② 进一步切割，只有一个体不可映射	③ 2D → automesh 对中间圆分网
④ 3D→solid map→one volume	⑤ 3D → solid map→line drag → node path	⑥ Tool → faces → one volume

方法 2：

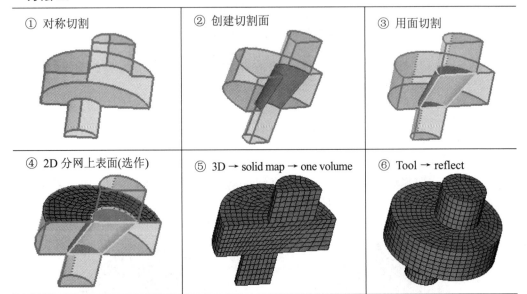

① 对称切割	② 创建切割面	③ 用面切割
④ 2D 分网上表面(选作)	⑤ 3D → solid map → one volume	⑥ Tool → reflect

✦✦✦✦✦　**思 考 题**　✦✦✦✦✦

在不采用投影 project 功能和用线分割面的情况下，如何在面上直接划分 2D 网格而节

点又直接落在面内线上？(2D→automesh 对单元采用重新分网)

❖❖❖❖❖　练 习 题　❖❖❖❖❖

自建如图 21-8 所示的上、中、下结构的几何体，并进行 3D 分网。

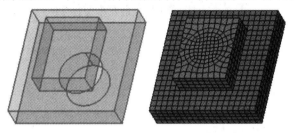

图 21-8　上、中、下几何模型和网格模型

项目 22

正棱锥 3D 网格划分

 **学习目标**

❖ 高质量划分六面体网格的要点
❖ 理解网格的映射原理
❖ 规划网格划分次序

 重点、难点

❖ 重点：理解网格的映射原理
❖ 难点：如何规划网格划分次序

项目 22

1. 项目说明

导入图 22-1 所示的由 SolidWorks 所建正三棱锥几何模型，并对其进行 3D 分网。

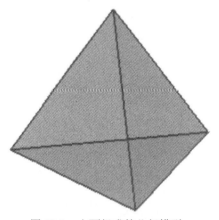

图 22-1   由面组成的几何模型

2. 项目规划

本项目的几何模型是由 4 个面围成的。它是一个不可映射的(not mappable)棱锥体，必须对其进行切割，使之成为可映射的逻辑立方体网格，然后对可映射的体进行 3D 映射分网。

3．项目实施

STEP01　在棱边中点处创建节点

(1) 单击 Impute Geometry 🖌️，导入 Pro22.igs 几何模型。

(2) 选择 🔵 Mappable ▾ 模式显示模型，会发现棱锥体不可映射 not mappable。

(3) 选择 🔵 By Topo 和单击图标 🪖 ▾，以拓扑模式和面视图模式显示模型。

(4) 在主页面单击 Geom → nodes，进入节点创建面板。

(5) 选择 Extract on Line 图标 📏，在 Number of nodes between：文本框中输入 1。

(6) 右键单击对象选择器 lines，选择 all。

(7) 单击 create 按钮，在每条边中点处创建一节点，如图 22-2 所示。

(8) 单击 return 按钮，返回主页面。

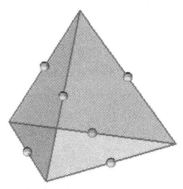

图 22-2　在每一棱边的中点处创建一个节点

STEP02　对棱锥体进行切割

(1) 在主页面单击 Geom → solid edit，进入体编辑面板，并选择 trim with plane/surf 子面板。

(2) 激活 with plane/surf 所属的 solids，选择棱锥体。

(3) 将方向选择器设置为 ▾ N1 N2 N3 B ◄|，并按图 22-3 所示选择各节点，其中 N3 与基点 B 为同一节点。

(4) 单击 trim 对棱锥体进行切分，结果如图 22-4 所示。

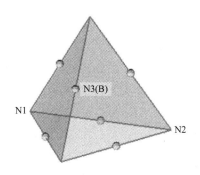

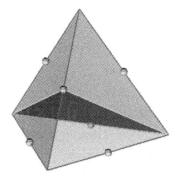

图 22-3　通过节点确定切平面　　　　　图 22-4　将棱锥切分成两部分

(5) 重复步骤(2)~(4)将棱锥体等分成可映射的 4 个部分，如图 22-5 和图 22-6 所示。

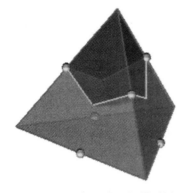
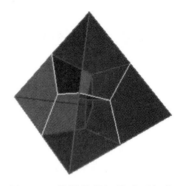

图 22-5　被分割的几何模型图　　　　　　图 22-6　将棱锥体切分成五部分

(6) 单击 return 按钮，返回主页面。

STEP03　对棱锥进行 3D 分网

(1) 在主页面单击 3D → solid map，进入 3D 分网面板，选择 multi solids 子面板。

(2) 选择所有体，在 elem size：文本框中输入 5.0，source shell 确认为 quads。

(3) 单击 mesh 按钮，结果如图 22-7 所示。

(4) 单击 return 按钮，返回主页面。

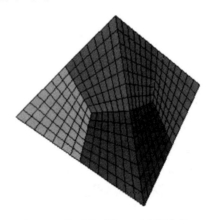

图 22-7　最后生成的 3D 网格模型

4．项目小结

切分要领在于获得积分路径大约一致的网格路径，提高积分精度。要使四面体的棱锥经过切割转换为六面体。下面介绍另外一种分网方法。

(1) 对棱锥体进行切割。

① 在主页面单击 Geom → solid edit，进入体编辑面板。

② 选择 trim with lines 子面板。

③ 激活 with cut line 下的 solids，选择棱锥体。

④ 激活 drag a cut line。

⑤ 按图 22-8 所示画一条切割线，单击中键确认。棱锥体已被切分成可映射的，结果如图 22-9 所示。

⑥ 单击 return 按钮，返回主页面。

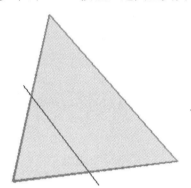

图 22-8　使用线切割棱锥

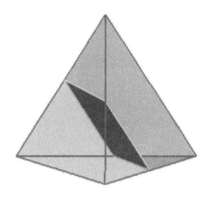

图 22-9　切分后的棱锥体

(2) 对棱锥体进行 2D 分网。

① 将显示模式切换为 Mappable，这时棱锥体显示为可映射的体。

② 在主页面单击 2D → automesh，进入 2D 自动分网面板。

③ 选择 size and bias 子面板。

④ 在图形区选择如图 22-10 所示的两个表面，将 meshing mode 设置为 automatic。

⑤ 在 elem size= 文本框中输入 10.0，设置网格尺寸为 10 个单位。

⑥ 将 elem type 设置为 quads。

⑦ 单击 mesh 按钮，完成 2D 网格划分，如图 22-10 所示。

⑧ 单击 return 按钮，返回主页面。

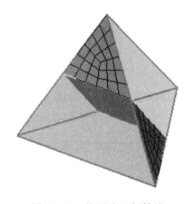

图 22-10　使用线切割棱锥

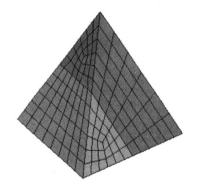

图 22-11　3D 网格模型

(3) 对棱锥体进行 3D 映射网格。

① 在主页面单击 3D → solid map，进入 3D 分网面板。

② 选择 multi solids 子面板。

③ 选择所有体，在 elem size 文本框中输入 10.0，source shell 确认为 quads。

④ 单击 mesh 按钮，最后结果如图 22-11 所示。

⑤ 单击 return 按钮，返回主页面。

✦✦✦✦✦ **思 考 题** ✦✦✦✦✦

圆锥体如何划分网格？与三棱锥有何区别？(没有本质区别)

✦✦✦✦✦ **练 习 题** ✦✦✦✦✦

创建一个四棱锥体，并对其进行 3D 分网。(将四棱锥体切分成两个三棱锥体，五棱锥体也是如此)

项目 23

带孔立方体 3D 网格划分

 **学习目标**

❖ 导入 CAD 几何模型
❖ 对几何模型进行测量
❖ 理解体不可映射的原因
❖ 理解六面体网格划分原理

 重点、难点

❖ 重点：网格连续性问题的处理
❖ 难点：对体规划网格划分次序

项目 23

1. 项目说明

导入图 23-1 所示的由 SolidWorks 所建几何模型，并对其进行 3D 分网。

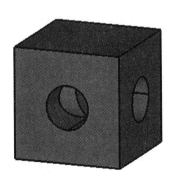

图 23-1 由线组成的几何模型

2. 项目规划

对于结构复杂的几何模型，先规划出分网次序。本项目的几何模型是不可映射的，必须对其进行切割使之成为可映射的，而后再逐次分网。具体步骤如下：

(1) 进行体切割，留下中间一块，并对其分网。

(2) 利用镜像生成其余部分。

(3) 创建上面部分的体单元。

(4) 通过镜像创建全部体单元。

3. 项目实施

STEP01　对体进行切割

(1) 单击 Impute Geometry，导入 Pro23.iges 几何模型。

(2) 单击 Mappable 按钮，模型以棕色显示，表明不可映射。同时，边框为粗线，表明是实体模型。

(3) 将显示模式切换为 By Topo 模式。

(4) 在主页面单击 Geom → distance，进入测距面板。

(5) 对几何模型进行测量，这是一个边长为 100.0 的正立方体，两孔直径为 40.0。

(6) 在主页面单击 Geom → nodes，进入节点创建面板。

(7) 创建两个节点，坐标值分别为(0，14，0)和(0，−14，0)。

(8) 在主页面单击 Geom → solid edit，进入体编辑面板。

(9) 选择 trim with plane/surf 子面板。

(10) 激活 with plane 所属的 solids，选择立方体。

(11) 将方向选择器切换为 y-axis，基点为上面所建节点。

(12) 单击 trim 按钮，对体进行切割。

(13) 重复执行步骤(11)~(12)，完成第二次切割，如图 23-2 所示。

(14) 单击删除 按钮，将对象选择器设置为 surfs，勾选 delete associated solids，再选取两切割面的上、下两面。

(15) 单击删除 按钮，将上、下两块体删除，留下中间部分，如图 23-3 所示。

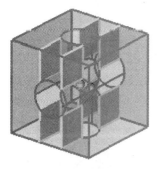　　　　　　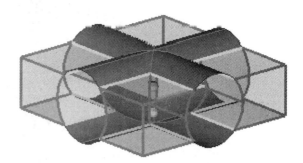

图 23-2　两平面切割立方体　　　　　　图 23-3　留下待分网的中间体

STEP02　新建组件并将已有面存入其中

(1) 在标签域右键单击 Component → Create，创建一个新的组件 my_surfs。

(2) 单击 Organize 进入组织面板，选择上面的 6 个面。

(3) 单击 dest component 按钮，选择 my_surfs。

(4) 单击 move 按钮，将这 6 个面放到组件 my_surfs 中。

(5) 在标签域内隐藏其他内容，仅显示 my_surfs，如图 23-4 所示。

(6) 单击 return 按钮，返回删除面板。

STEP03   删除其余的体和面

(1) 仅保留如图 23-5 所示的一个待分网的体，删除其余体。

(2) 单击 return 按钮，返回主页面。

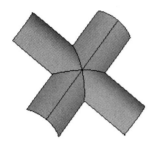

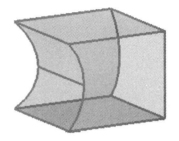

图 23-4   my_surfs 中的几何模型   图 23-5   只留下待分网的体

STEP04   对体的一个面进行 2D 分网

(1) 在主页面单击 2D → automesh，进入 2D 自动分网面板。

(2) 选择 size and bias 子面板。

(3) elem size = 5.0，将 mesh type：切换为 quads。

(4) 单击 mesh 按钮，进行 2D 分网，如图 23-6 所示。

(5) 单击 return 按钮，返回主页面。

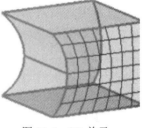

STEP05   对体进行映射 3D 分网

(1) 在主页面单击 3D → solid map，进入 3D 映射分网面板。

图 23-6   2D 单元

(2) 选择 general 子面板。

(3) 右键单击 elem to drag 下的 elems 按钮，选择 displayed。

(4) 设置 elem size= 5.0，其他按图 23-7 所示设置。

(5) 单击 mesh 按钮，进行 3D 映射分网，如图 23-8 所示。

(6) 单击 return 按钮，返回主页面。

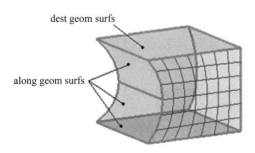

图 23-7   3D 分网设置   图 23-8   3D 单元

STEP06　进行镜像

(1) 在主页面单击 Geom → nodes，进入节点创建面板。

(2) 选择 [XYZ]，在中心点(0, 0, 0)处创建一个节点。

(3) 在主页面单击 Tool → reflect，进入镜像面板。

(4) 通过中心节点与方向选择器，镜像出其他部分，如图 23-9 所示。

(5) 单击 return 按钮，返回主页面。

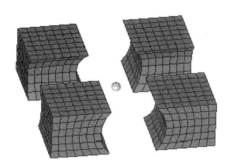

图 23-9　镜像后的 3D 单元

STEP07　对面进行分网

(1) 在标签域取消 my_surfs 隐藏，如图 23-10 所示。

(2) 在主页面单击 Geom → edge edit，进入边界编辑面板。

(3) 选择 toggle 子面板，压缩中间共享边。

(4) 在主页面单击 2D → automesh，进入自动分网面板。

(5) 选择 size and bias 子面板。

(6) 对象选择器切换为 surfs，右键单击 surfs，选择 displayed。

(7) elem size = 5.0，mesh type：切换为 quads。

(8) 单击 mesh 按钮，进行 2D 分网，结果如图 23-11 所示。

(9) 单击 return 按钮，返回主页面。

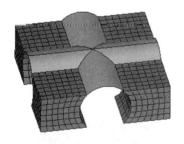

图 23-10　显示 my_surfs

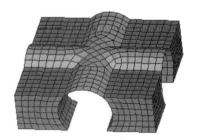

图 23-11　分网结果

STEP08　对不连续网格进行缝合

(1) 在主页面单击 Tool → faces，进入 faces 面板。

(2) 右键单击对象选择器 elems，选择 displayed。

(3) 单击 find faces 按钮。

(4) 在 tolerances = 0.5，单击 preview equiv 按钮，状态栏显示 "60 nodes were found"，

如图 23-12 所示。

(5) 单击 equivalence 按钮，进行缝合。

(6) 单击 return 按钮，返回主页面。

(7) 隐藏 3D 单元，只保留上面 2D 网格，其余内容隐藏或删除掉，如图 23-13 所示。

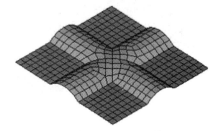

图 23-12　需缝合的节点　　　　　　　图 23-13　2D 网格

STEP09　在目标面投影 2D 网格

(1) 在主页面单击 Geom → surface，进入面创建面板。

(2) 在网格上方创建一个与原立方体的上表面一致的面，如图 23-14 所示。

(3) 在主页面单击 Tool → project，进入投影面板。

(4) 选择 to plane 子面板，对象选择器设置为 elems，右键单击 elems，选择 displayed。

(5) 激活 to plane 下的 N1，分别在平面上选择 4 个节点，或将 along vector 设置为 y-axis。

(6) 单击 project 按钮，将 2D 网格投影到平面上，如图 23-15 所示。

(7) 单击 return 按钮，返回主页面。

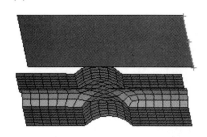
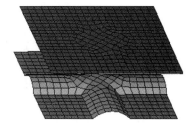

图 23-14　创建一个投影面　　　　　　图 23-15　通过投影得到的 2D 网格

STEP10　在两组壳单元之间创建 3D 单元

(1) 在主页面单击 3D → linear solid，进入体单元创建面板。

(2) 设置 From：选择全部下面单元；to：选择全部上面单元。

(3) 在 alignment：上、下面分别对应选三点，density= 7.0。

(4) 单击 solids 按钮，线性拉伸出 3D 网格，如图 23-16 所示。

(5) 单击 return 按钮，返回主页面。

STEP11　对 3D 单元进行镜像

(1) 在主页面单击 Geom → Nodes，进入节点创建面板，在立方体中心创建一个节点，如图 23-16 所示。

(2) 在主页面单击 Tool → reflect，进入镜像面板。

(3) 右键单击对象选择器 elems，选择 displayed，再次右键单击并选择 duplicate，在弹出窗口选择 original comp，方向器设置为 y-axis，基点选择中心节点。

(4) 单击 reflect 按钮，对单元进行镜像，结果如图 23-17 所示。

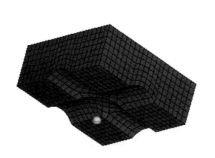

图 23-16　线性拉伸得到的 3D 单元

图 23-17　镜像结果

STEP12　显示出中间体单元

(1) 单击工具栏上的 Mask 图标，点击 element 下的 Isolate "1"，仅显示 3D 单元。

(2) 在主页面单击 Tool → faces，进入 face 面板。

(3) 单击对象选择器 elems，选择 displayed。

(4) 单击 find faces 按钮，创建临时 2D 单元。

(5) 在 tolerances= 0.5，单击 preview equiv 按钮，进行预览不连续节点。

(6) 单击 equivalence 按钮，进行缝合，如图 23-18 所示。

(7) 单击 return 按钮，返回主页面。

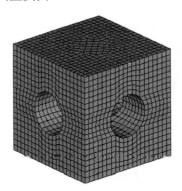

图 23-18　最后 3D 网格

4. 项目小结

(1) 对于体网格的划分，可以说划分策略最为重要，而策略好与坏取决于经验。

(2) 本项目在切分成可映射后，可直接采用 3D → solid map → multi solids 分网。

✦✦✦✦✦ **思 考 题** ✦✦✦✦✦

1. 关于对称结构几何模型，在什么情况下适合先进行对称剖分，再分网？而何种情况下却不适合进行剖分，只适合不剖分分网？

2．我们知道，3D → solid edit → merge 面板只能对有共享面(黄色)的体进行合并。在同一平面上有一个方形和一个圆形，反向拉伸形成两个体，又该如何将它们合并成一个体，如图 23-19 所示。(Geom → solid edit → boolean)

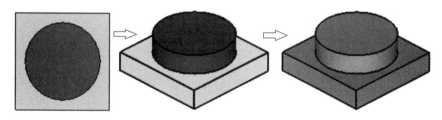

图 23-19　无共享面的体进行合并

$\diamond\diamond\diamond\diamond\diamond$ 　练 习 题　$\diamond\diamond\diamond\diamond\diamond$

1．导入带三孔的立方体 Exer23_1.iges，并对其进行 3D 分网，如图 23-20 所示。(由曲线围成的圆面不剖分为宜，而由直线围成的矩形面剖分为好)

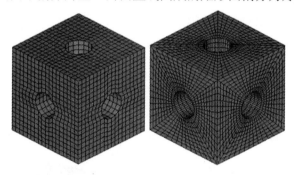

图 23-20　带三孔的立方体网格模型

2．导入吊环几何模型 Exer23_2.iges，并对其进行 3D 分网，如图 23-21 所示。

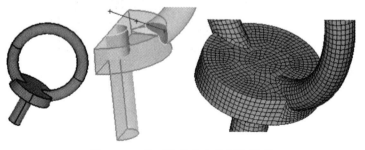

图 23-21　带三孔的立方体网格模型

项目 24

齿轮轴 3D 网格划分

学习目标

- ❖ 对几何模型进行测量
- ❖ 掌握如何组织模型元素
- ❖ 如何处理对称模型

重点、难点

- ❖ 重点：2D 网格与 3D 网格连续性的处理
- ❖ 难点：规划网格划分次序

项目 24

1. 项目说明

打开图 24-1 所示的斜齿轮轴几何模型 Pro24.hm，并对其进行六面体网格划分。

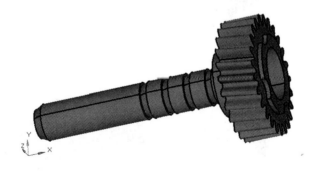

图 24-1　斜齿轮轴几何模型

2. 项目规划

对于结构复杂的几何模型，首先规划出分网次序，再针对斜齿轮轴将其切割成几部分，逐次分网，具体步骤如下：

(1) 切分出对称部分。

(2) 将对称体进行切分，使之成为可映射的多个实体。

(3) 使用映射的方法逐个体分网。

(4) 进行镜像，使之成为完整的齿轮轴。

(5) 对网格进行连续性检查。

3. 项目实施

STEP01　载入并查看模型

(1) 打开模型文件 Pro24.hm。

(2) 通过菜单栏选择 Preferences → User Profiles → Default(HyperMesh)，然后单击 OK。

STEP02　从几何模型上切分出斜齿轮部分

(1) 在主页面单击 Geom → solid edit，进入体编辑面板。

(2) 先选择 trim with lines 子面板，再选择 with sweep lines: 方式。

(3) 在 sweep to: 中依次选择 by a vector、x-axis 和 sweep all。

(4) 激活选择器 solids，选择整个几何模型。

(5) 激活选择器 lines，选择如图 24-2 所示的圆曲线。

(6) 单击 trim 按钮，使用圆对整个模型进行切分。

(7) 单击 return 按钮，返回主页面。

(8) 在主页面单击 Tool → mask，进入隐藏面板。

(9) 将对象选择器切换为 solids 类型。

(10) 选择刚刚切下的斜齿轮几何体。

(11) 单击 mask 按钮，对斜齿轮部分进行隐藏。

(12) 单击 return 按钮，返回主页面。

图 24-2　选择圆曲线

STEP03　创建参考临时节点

(1) 在主页面单击 Geom → distance，进入测距面板。

(2) 选择 two nodes 子面板。

(3) 激活 N1 节点选择器。

(4) 依次选择如图 24-3 所示的曲线上两个节点(N1、N2)。

注意：为了准确，应放大后再进行选点。

(5) 单击 nodes between 按钮，在 N1、N2 连线中间创建临时节点。

(6) 重复步骤(5)，在图 24-3 所示曲线上两点间生成中间临时节点。

(7) 选择 three nodes 子面板。

(8) 激活 N1 节点选择器，依次选择图 24-3 所示圆曲线上的任意 3 个节点。

(9) 单击 circle center 按钮，在圆心处创建临时节点。

(10) 重复步骤(9)，在图 24-4 所示轴的另一端圆心处生成临时节点。

(11) 单击 return 按钮，返回主页面。

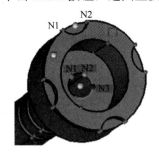 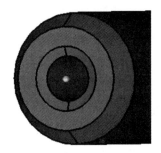

图 24-3　生成圆心临时节点 1　　　　　　图 24-4　生成圆心临时节点 2

STEP04　对体进行切分，保留对称几何模型的 1/8，删除剩余的 7/8

(1) 在主页面单击 Geom → solid edit，进入体编辑面板。

(2) 选择 trim with nodes 子面板。

(3) 勾选 extend trimmer 选项。

(4) 选择当前几何体。

(5) 激活 node list 选择器，选择 STEP3 生成的两个圆心和一个中间临时节点。

(6) 单击 trim 按钮，进行体切分，即一分为二。

(7) 激活 solid 选择器，选择切分出的包含另一个中间临时节点的几何体。

(8) 激活 node list 选择器，选择两个圆心和另一个中间临时节点。

(9) 单击 trim 按钮，再次切分，切分出对称几何模型的 1/8。

(10) 单击 return 按钮，返回主页面。

(11) 在主页面单击 Geom → temp nodes，保留一个中心点，清除其他临时节点。

(12) 在主页面单击 Tool → delete，进入删除面板。

(13) 勾选 delete bounding surfs 选项。

(14) 将对象选择器切换为 solids 类型，选取之前切分的 7/8 几何体。

(15) 单击 delete entity 按钮，删除 7/8 几何体，切分结果如图 24-5 所示。

(16) 单击 return 按钮，返回主页面。

图 24-5　切分出几何模型的 1/8

STEP05 对留下的 1/8 几何体进行分块切割

(1) 在主页面单击 Geom → solid edit，进入体编辑面板。

(2) 先选择 trim with plane/surf 子面板，再选择 with surfs: 方式。

(3) 勾选 extend trimmer。

(4) 激活 solids 选择器，选择当前几何体。

(5) 激活 surfs 选择器，选择如图 24-6(a)所示的曲面 1。

(6) 单击 trim 按钮，使用面对体进行切分。

(7) 激活 solids 选择器，选择 STEP04 切分下的较大的几何体。

(8) 激活 surfs 选择器，选择如图 24-6(b)所示的曲面 2。

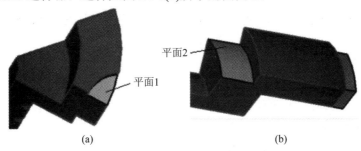

平面2

平面1

(a)   (b)

图 24-6　选择曲面

(9) 单击 trim 按钮，使用面对体进行切分。

(10) 单击 return 按钮，返回主页面。

(11) 在主页面单击 Tool → mask，进入隐藏面板。

(12) 将对象选择器切换为 solids 类型。

(13) 选择前面切下的两小块几何体。

(14) 单击 mask 按钮，隐藏两小块几何体。

(15) 单击 return 按钮，返回主页面。

STEP06 在部分面上划分 2D 网格

(1) 在主页面单击 Geom → quick edit，进入快速编辑面板。

(2) 选择 split surf-line 工具，对曲面进行局部拓扑细化。

(3) 对不带圆缺口的面分别创建两条共享边，如图 24-7 所示。

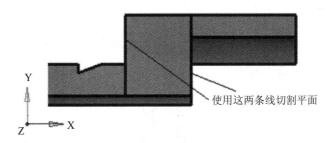

Y

使用这两条线切割平面

Z   X

图 24-7　创建两条共享边

(4) 单击 return 按钮，返回主页面。

(5) 在主页面单击 2D → automesh，进入自动分网面板。

(6) 系统默认进入 size and bias 子面板。

(7) 在 elem size 中输入值 0.5。

(8) 将 mesh type 切换为 quads。

(9) 选择如图 24-8 所示曲面，单击 mesh 按钮。

(10) 单击 return 按钮，返回主页面。

图 24-8　划分 2D 网格结果

STEP07　创建一个名为 3d_elem 的 component 用于存放后续生成的 3D 网格

(1) 单击工具栏的快捷键图标 ，创建新的 component。

(2) 在文本框 comp name= 中输入 3d_elem。

(3) 将 color 设置为"蓝色"。

(4) 单击 create 按钮，新创建的 component 默认成为当前 component。

(5) 单击 return 按钮，返回主页面。

STEP08　以 2D 网格为基础旋转拉伸出 3D 网格

(1) 在主页面单击 3D → spin，进入旋转面板。

(2) 选择 spin elems 子面板。

(3) 激活 elems 选择器，选择 STEP06 生成的 2D 网格。

(4) 在文本框 angle= 中输入 45(旋转角度大小，单位为度)。

(5) 在文本框 on spin= 中输入 10(该角度内所含单元数量)。

(6) 通过方向选择器选择 x-axis，激活 B 基点，选取之前生成的一个圆心临时节点。

(7) 单击 spin+按钮，创建 3D 单元。

(8) 单击 return 按钮，返回主页面。

(9) 在主页面单击 Geom → temp nodes，进入节点编辑面板。

(10) 单击 clear all 按钮，删除所有临时节点。

(11) 单击 return 按钮，返回主页面，网格如图 24-9 所示。

图 24-9　旋转拉伸出 3D 网格

STEP09　显示出之前切下的两块几何体，选择一个曲面划分 2D 网格

(1) 在主页面单击 Tool → mask，进入隐藏面板。

(2) 将对象选择器切换为 solids 类型。

(3) 单击 Unmask All 按钮。

(4) 选择斜齿轮几何体上部，单击 mask 按钮。

(5) 单击 return 按钮，返回主页面。

(6) 单击工具栏的图标 ⬭，以线框模式显示几何模型。

(7) 在主页面单击 2D → automesh，进入自动分网面板。

(8) 系统默认选择 size and bias 子面板。

(9) 选取图 24-10 所示的两个面。

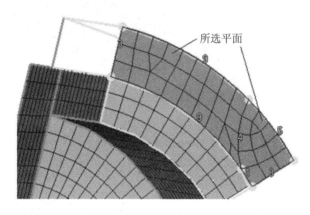

图 24-10　选择曲面

(10) 单击 mesh 按钮，进行 2D 网格划分。

(11) 对单元数进行如图 24-10 所示的调整，即将内部的圆周上调整为 9 个单元。

(12) 单击 return 按钮，返回主页面。

(13) 在主页面单击 Tool → faces，进入 faces 面板。

(14) 在 tolerance= 中输入 0.1。

(15) 激活 elems 选择器，在弹出菜单中选择 displayed。

(16) 单击 preview equiv 预览按钮，预览不连续的单元节点。

(17) 单击 equivalence 按钮，进行缝合。

(18) 在标签域中选择 mask 标签。

(19) 隐藏所有 2D 单元。

(20) 回到 faces 面板，激活 elems 选择器，在弹出菜单中选择 displayed。

(21) 单击 find face 按钮。

(22) 单击 return 按钮，返回主页面。

(23) 在标签域中选择 mask 标签。

(24) 显示所有 2D 单元。

STEP10　以 2D 网格为基础拉伸出 3D 网格

(1) 在主页面单击 3D → solid map，进入映射面板。

(2) 选择 general 子面板。

(3) 将 source geom：切换为(none)。

(4) 激活 elem to drag：单元选择器，选择 STEP09 生成的 2D 网格。

(5) 激活 dest geom：曲面对象选择器，选择如图 24-11 所示曲面。

(6) 将 along geom：切换为 mixed。

(7) 激活 surfs 选择器，选择外表面。

(8) 激活 elems 选择器，选择如图 24-11 所示的从 source 到 dest 的所有 2D 单元。

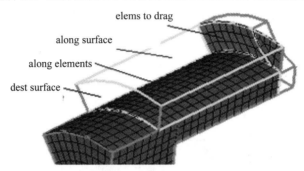

图 24-11　拉伸 3D 网格

(9) 将 along parameters：切换为 elem size 模式，输入 0.5。

(10) 单击 mesh 按钮，进行拉伸 3D 网格。

(11) 单击 return 按钮，返回主页面。

STEP11　以之前划分的 2D 网格为基础，对另一小块几何体划分 3D 网格

(1) 在主页面单击 3D → replace，进入替换面板。

(2) 激活 replace：node 选择器，选择如图 24-12 所示的单元节点。

(3) 激活 with：node 选择器，拖动鼠标指针选择如图 24-12 所示的边，再选择边上所示的单节点。

(4) 单击 return 按钮，返回主页面。

(5) 在主页面单击 3D → solid map，进入映射面板。

(6) 选择 line drag 子面板。

(7) 激活 elems to drag：，单击 elems，选择如图 24-13 所示的 2D 网格。

(8) 激活 along geom：对象选择器 line，选择如图 24-13 所示的曲线。

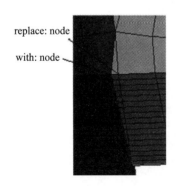
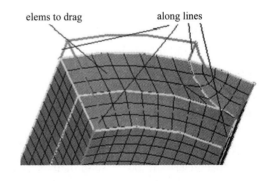

图 24-12　选择边上所示单元节点　　　　　　　图 24-13　选择曲线

(9) 将 along parameters：切换为 elem size=，输入 0.5。

(10) 单击 mesh 按钮，进行 3D 网格映射。

(11) 单击 return 按钮，返回主页面。

STEP12　删除所有 2D 网格单元

(1) 在标签域中单击 mask 标签。

(2) 隐藏生成的所有 3D 单元。

(3) 在主页面单击 Tool → delete，进入删除面板。

(4) 将对象选择器切换为 elems。

(5) 单击 elems 按钮，在弹出菜单中选择 displayed。

(6) 单击 delete entity 按钮，删除所有 2D 单元。

(7) 单击 return 按钮，返回主页面。

(8) 在标签域中单击 mask 标签。

(9) 显示生成的所有 3D 单元。

STEP13　检查并修复所有生成网格的节点连续性

(1) 在主页面单击 Tool → faces，进入 faces 面板。

(2) 在 tolerance= 中输入 0.1。

(3) 激活 elems 选择器，在弹出菜单中选择 displayed。

(4) 单击 preview equiv 预览，状态栏显示 "0 nodes were found"，说明单元节点无连续性问题。

(5) 单击 return 按钮，返回主页面。

(6) 在标签域中选择 mask 标签。

(7) 隐藏生成的所有 3D 单元。

(8) 在主页面单击 Tool → edges，进入边界面板。

(9) 在 tolerance= 中输入 0.1。

(10) 将对象选择器切换为 elems 类型。

(11) 单击 elems，在弹出菜单中选择 displayed。

(12) 将 find：切换为 free edges 模式。

(13) 单击 find edges 按钮，状态栏显示 "no edges were found. Selected elements may enclose a volume"。

STEP14　通过镜像 reflect 工具生成所有 3D 网格

(1) 在主页面单击 Tool → reflect，进入镜像面板。

(2) 激活 elems 选择器，在弹出菜单中选择 displayed。

(3) 单击选择器，在弹出菜单中选择 duplicate → original comp。

(4) 激活 N1 节点选择器，在对称面上依次选择 3 个不共线节点。

(5) 单击 reflect 按钮，进行镜像。

(6) 重复步骤(2)~(5)，直到生成完整的 3D 网格模型。

(7) 单击 return 按钮，返回主页面。

STEP15　检查并修复所有网格的连续性

(1) 在主页面单击 Tool → faces，进入 faces 面板。

(2) 在 tolerance= 中输入 0.1。

(3) 激活 elems 选择器，在弹出菜单中选择 displayed。

(4) 单击 preview equiv 预览，状态栏显示 "5240 nodes were found"，如图 24-14 所示。

图 24-14　显示所有网格节点

(5) 单击 equivalence 缝合按钮，状态栏显示 "5240 nodes were equivalence"。

(6) 单击 find faces 按钮。

(7) 单击 return 按钮，返回主页面。

(8) 在标签域中单击 mask 标签。

(9) 隐藏生成的所有 3D 单元。

(10) 在主页面单击 Tool → edges，进入边界编辑面板。

(11) 在 tolerance= 中输入 0.1。

(12) 将对象选择器切换为 elems。

(13) 单击 elems，在弹出菜单中选择 displayed。

(14) 将 find：切换为 free edges 模式。

(15) 单击 find edges，状态栏显示 "no edges were found. Selected elements may enclose a volume"。

(16) 将 find：切换为 T-connections 模式。

(17) 单击 find edges 按钮，状态栏显示 "no T-connected edges were found"。

(18) 单击 return 按钮，返回主页面。

注意：步骤(10)~(18)检查是否有重复单元。

STEP16　显示斜齿轮部分的几何模型

(1) 在主页面单击 Tool → mask，进入隐藏面板。

(2) 将对象选择器切换为 solids 类型。

(3) 单击 unmask all 按钮。

(4) 单击 return 按钮，返回主页面。

STEP17　在斜齿轮几何模型的上表面生成 2D 网格

(1) 在主页面单击 Geom → quick edit，进入快速编辑面板。

(2) 使用 add/remove point 工具在斜齿轮的轮廓线上添加适当固定点，以控制 2D 网格的生成，如图 24-15 所示。

(3) 单击 return 按钮，返回主页面。

(4) 在主页面单击 2D → ruled，进入规则化网格面板。

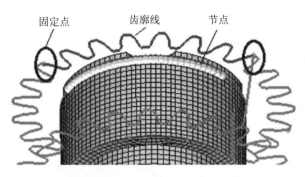

固定点　　齿廓线　　节点

图 24-15　在斜齿轮的轮廓线上添加适当的几何点和要选择的一段齿廓线及相应的一排节点

(5) 将第二个对象选择器切换为 lines list 类型。

(6) 选择如图 24-15 所示的一段齿廓线。

(7) 激活第一个 nodes 选择器，选择 by path 方式。

(8) 选择如图 24-15 所示相应的一排节点。

(9) 单击 create 按钮，生成一片 2D 网格，按需要对网格质量进行适当调整。

(10) 重复上述操作，在整个曲面上生成 2D 网格，如图 24-16 所示。

(11) 在主页面单击 Tool → edges，进入边界面板。

(12) 在 tolerance= 中输入 0.1。

(13) 将对象选择器切换为 elems 类型。

(14) 选择生成的 2D 网格。

(15) 单击 preview equiv 预览按钮，屏幕显示出不连续的单元节点，如图 24-16 所示。

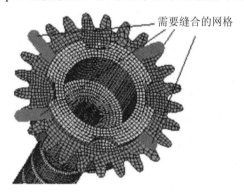

需要缝合的网格

图 24-16　在整个曲面上生成 2D 网格，并检查不连续的单元节点

注意：采用 ruled 划分 2D 网格的目的是与 3D 网格对应。

STEP18　在 2D 网格基础上生成 3D 网格

(1) 在主页面单击 3D → solid map，进入映射面板。

(2) 选择 general 子面板。

(3) 将 source geom：切换为(none)。

(4) 激活 elems to drag:，选择 STEP17 生成的 2D 网格。

(5) 激活 dest geom:，选择如图 24-17 所示的曲面。

(6) 将 along geom：切换为 mixed。

(7) 激活 surfs 选择器，选取两个齿轮侧面。

(8) 激活 elems 选择器，选择如图 24-17 所示的单元。

(9) 将 along parameters：切换为 elem size= ，在文本框内输入 0.5。

(10) 单击 mesh 按钮，进行网格划分。

(11) 单击 return 按钮，返回主页面。

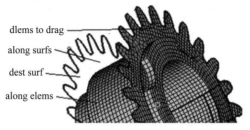

图 24-17　在 2D 网格基础上生成 3D 网格

STEP19　检查网络节点连续性

(1) 在 mask 标签中选择隐藏所有 3D 网格。

(2) 在主页面单击 Tool → delete，进入删除面板。

(3) 单击 elems，选择 displayed。

(4) 单击 delete entity 按钮，删除所有 2D 单元。

(5) 在 mask 标签中选择显示所有 3D 网格。

(6) 在主页面单击 Tool → faces，进入 faces 面板。

(7) 在 tolerance= 中输入 0.1。

(8) 激活 elems 选择器，在弹出菜单中选择 displayed。

(9) 单击 preview equiv 按钮，状态栏显示“0 nodes were found”，说明单元节点无连续性问题。

(10) 单击 find faces 按钮。

(11) 单击 return 按钮，返回主页面。

(12) 在 mask 标签中选择隐藏所有 3D 网格。

(13) 在主页面单击 Tool → edges，进入边界面板。

(14) 在 tolerance= 中输入 0.1。

(15) 将对象选择器切换为 elems 类型。

(16) 单击 elems，在弹出菜单中选择 displayed。

(17) 将 find：切换为 free edges 模式。

(18) 单击 find edges，状态栏显示“no edges were found. Selected elements may enclose a volume”。

(19) 将 find：切换为 T-connections 模式。

(20) 单击 find edges 按钮，状态栏显示“no T-connections edges were found”。

(21) 单击 return 按钮，返回主页面。

(22) 重新进入 faces 面板，单击 delete faces 按钮，删除生成的临时 2D 网格。

(23) 在 mask 标签中显示生成的所有 3D 网格。

STEP20　将生成的所有 3D 网格存放到 3D_elem 中，删除其他 component

(1) 在主页面单击 Tool → organize，进入组织面板。

(2) 选择 collector 子面板。

(3) 单击 elems，在弹出的菜单中选择 displayed。

(4) 在 dest component= 中选择 3D_elem。

(5) 单击 move 按钮，最终模型如图 24-18 所示。

图 24-18　生成所有 3D 网格

(6) 在 model browser 中选中除 3d_elem 以外的其他 component，右键单击，在弹出的菜单中选择 delete 按钮，删除选中的 component。

(7) 单击"保存"按钮，保存以上工作。

4．项目小结

(1) find edges 主要用来检查面网格模型是否封闭，为生成体网格做准备。如果一个面网格模型不存在 free edges 和 T-connections，就能判定这个网格是一个封闭连续的面网格。在正常情况下执行 find edges 后，只在边界处生成 edges。如果在其他地方生成了 edges，则说明该处有缝隙，网格不连续。find faces 同理。

(2) find faces 可以用来检查体网格内部是否存在缝隙。使用 find faces，可以抽出一个封闭面网格。如果模型内部存在缝隙，则在封闭面网格中存在面网格。

✦✦✦✦✦ **思 考 题** ✦✦✦✦✦

如何使用节点向曲线(曲面)上投影？(Tool → project)

✦✦✦✦✦ **练 习 题** ✦✦✦✦✦

导入如图 24-19 所示的相贯体 Exer24.iges，并进行 3D 分网，如图 24-20 所示。

图 24-19　相贯体几何模型

① 切割后取其 1/8

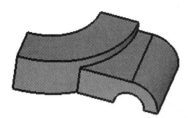

② 将上表面的切线 toggle 去掉，再对端面 2D 分网

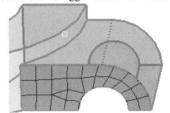

③ 3D → solid map → line drag

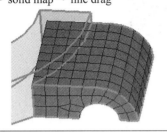

④ Tool → project 将内表面附近节点向其投影

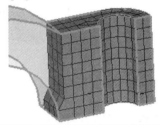

⑤ Tool → project 将外表面附近节点向其投影

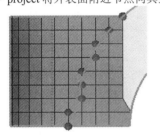

⑥ 投影后再使用 3D → split 进行切分单元

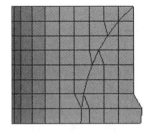

⑦ faces 后 3D → line drag → drag elements

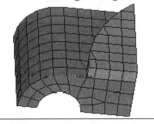

⑧ 切割曲面后进行 2D 单元划分

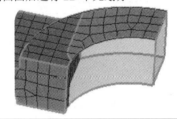

⑨ 3D → solid map → line drag → along geom → node path

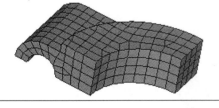

⑩ Tool → reflect

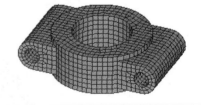

图 24-20　几何模型局部网格

注意：HyperMesh 具有将节点均匀地映射到选定的线上这一功能，使用快捷键 F7 中的
remap，建议练习。

项目 25

四面体网格划分

 **学习目标**

❖ 对几何体进行四面体网格划分
❖ 局部细化网格

 **重点、难点**

❖ 重点：掌握使用 volume tetra 方法进行四面体网格划分
❖ 难点：局部细化网格

项目 25

1. 项目说明

对图 25-1 所示的门碰几何模型(SolidWorks 创建)进行四面体网格划分。

图 25-1 几何模型

2. 项目规划

(1) 导入几何模型。
(2) 使用正三角形创建四面体网格。
(3) 使用直角三角形创建四面体网格。
(4) 在圆角部分创建密度更大的四面体网格。

3．项目实施

STEP01   使用正三角形划分四面体网格

(1) 单击工具栏上 Import Geometry ![icon]，打开并查看模型 Pro25.iges。

(2) 在主页面单击 3D → tetramesh，进入三角形网格划分面板。

(3) 选择 Volume tetra 四面体网格子面板。

(4) 激活选择器 surfs，选取任意一个面，确认 2D type：trias 和 3D type：tetras。

(5) 确认 Use curvature 和 proximity 复选框未选，在 elem size：输入 10.0。

(6) 单击 mesh 按钮，进行分网，结果如图 25-2 所示。

(7) 在工具栏上单击 Mask ![icon]，隐藏部分网格，观察内部情况如图 25-3 所示。

(8) 单击 reject 按钮，拒绝执行网格划分。

图 25-2   正四面体网格   图 25-3   内部四面体网格

STEP02   使用直角三角形划分四面体网格

(1) 激活选择器的 surfs，选取任意一个面，确认 2D type：R-tetra 和 3D type：tetras。

(2) Use curvature 和 proximity 复选框未选，在 elem size：10.0。

(3) 单击 mesh 按钮。结果如图 25-4 所示。

(4) 单击 reject 按钮，拒绝执行网格划分。

STEP03   在曲面曲率较大处划分密度加大

(1) 勾选 Use curvature，意味着在曲率较大处加大网格密度。

(2) 设定 Min elem size：2.0 和 Feature angle：30.0。

(3) 单击 mesh 按钮，结果如图 25-5 所示。

(4) 单击 reject 按钮，拒绝执行网格划分。

图 25-4   直角三角形四面体网格   图 25-5   局部细化四面体网格

4. 项目小结

(1) 勾选 Use proximity 是在小特征处加大网格密度。

(2) 划分四面体单元时，建议先人工划分好表面单元，再用面生成体单元。因为程序内部处理过程就是这样进行的，先表面后内部。

(3) 同一几何模型使用四面体单元划分，往往是六面体单元数的 2～50 倍。分析计算时，时间长，以及网格流场流向不好，通常不采用，除非结构极其复杂。但是随着硬件技术的提高，对于一般工程还是可以的，精度也是有保障的。

(4) 对于自动网格划分，为了保障精度，目前比较成熟的技术是自适应 p-method 和 h-method。以整体应变能(目标精度)为判据，p-method 由单元阶数来完成，h-method 由网格细化来完成。注意应变能不是局部应变能(精度偏差)。

(5) 对于承受弯曲和扭转变形时，4 节点四面体不适合，精度太差，需使用 8 节点六面体网格。

(6) 网格疏密主要应用于应力分析。对于固有频率和振型以及温度场分析没必要。

✦✦✦✦✦　思 考 题　✦✦✦✦✦

1. 对于已经划分好网格的模型，如何查看其中每种类型单元的数量？

(Utility → Summery → Elements：all)

2. 如何确保所显示的单元都是同一种单元？ (Mask 中隐藏其他单元)

3. 对复杂几何模型，软件为什么不提供六面体的自动划分功能？

(原因是通常的三维模型不能精确地被六面体堆砌所描述，然而总能剖分为四面体单元的集合)

✦✦✦✦✦　练 习 题　✦✦✦✦✦

1. 该项目改用六面体分网如何进行？

2. 导入图 25-6 所示三通几何模型 Exer25.iges，将其切分成可映射的体，再进行分网，如图 25-7 所示。

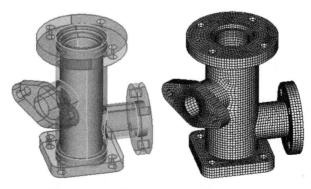

图 25-6　可映射的三通几何体与其 3D 网格

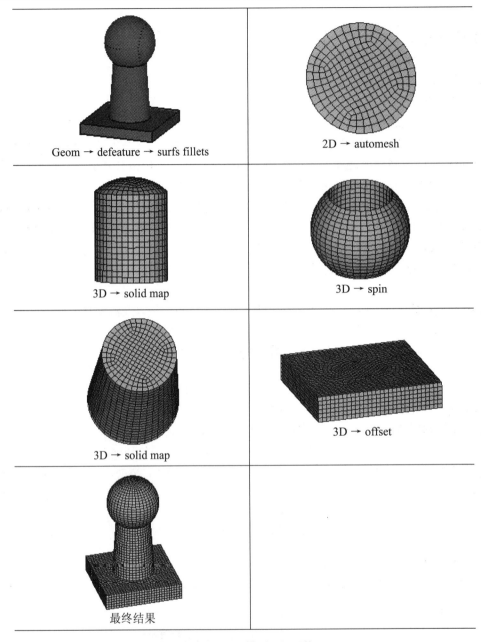

Geom → defeature → surfs fillets

2D → automesh

3D → solid map

3D → spin

3D → solid map

3D → offset

最终结果

图 25-7　几何模型局部网格

项目 26

使用标准截面创建 1D 单元

学习目标

❖ 使用标准横截面创建 1D 单元
❖ 修改 1D 单元位置
❖ 创建局部坐标系

项目 26

重点、难点

❖ 1D 单元创建
❖ 1D 单元编辑
❖ 修改单元属性

1．项目说明

使用不同标准截面创建 1D 单元，如图 26-1 所示模拟桥梁单元模型，其中桥面为 2D 单元。

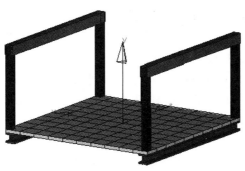

图 26-1　几何模型

2．项目规划

创建 1D 有多种方法，本项目创建顺序与步骤如下：
(1) 创建局部直角坐标系。

(2) 创建 2D 桥面单元。

(3) 创建 1D 单元。

(4) 创建单元材料。

(5) 创建各个 1D 单元截面形状与尺寸。

(6) 创建各个 1D 单元属性。

(7) 将属性赋予单元。

(8) 编辑 1D 单元位置与方位。

3. 项目实施

STEP01　创建局部直角坐标系

(1) 在主页面单击 Geom → nodes，进入节点创建面板。

(2) 创建 3 个节点，坐标值分别为节点 1(80, 0, 20)(原点)，节点 2(100, 0, 20)(x 轴)、节点 3(0, 100, 20)(xy 平面)。

(3) 在主页面单击 1D → systems，进入坐标系创建面板。

(4) 选择 create by nodes reference，将类型切换为 rectangular。

(5) 激活 node，分别按照顺序选择上面创建的节点。

(6) 单击 create 按钮，创建坐标系。

(7) 在主页面单击 Geom → temp nodes，删除所有节点。

(8) 在标签域改变坐标系颜色，如图 26-2 所示。

图 26-2　局部坐标系

STEP02　在局部坐标系下创建各个单元空间位置

(1) 在主页面单击 Geom → nodes，进入节点创建面板。

(2) 在 systems 文本框输入 1，即使用 1 号局部坐标系。

(3) 节点坐标(50，0，50)，点击 create 按钮。

(4) 在主页面单击 Geom → lines，进入线创建面板。

(5) 选择 Drag along Vector ✎，再选择上面节点，设置 x-axis，Distance 文本框输入 100.0。

(6) 单击 drag- 按钮，拉伸出长 100.0 的线。

(7) 在主页面单击 Geom → surfaces，进入面创建面板。

(8) 选择 Drag along Vector ◈，再选择上面直线，设置 z-axis，Distance 文本框输入 100.0。

(9) 单击 drag- 按钮，拉伸出 100 × 100 的面。

(10) 在主页面单击 Tool → translate，进入移动面板。

(11) 将对象器选择为 lines，再选择上面创建的直线。

(12) 右键单击选择器选择 duplicate，再选择 current comp。

(13) 方向器设置为 y-axis，在 magnitude 文本框输入 50.0。

(14) 单击 translate+ 按钮。

(15) 用同样方法再创建另一条线，如图 26-3 所示。

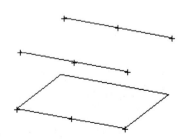

图 26-3　单元空间位置

STEP03　创建 4 个单元组件与材料

(1) 在工具栏 preference → User Profiles 选择 OptiStruct 求解器或其他。

(2) 在标签域内右键单击 component，分别创建 Hengliang、Qiaomian、Lizhu 和 Fushou，4 个组件分别放置不同的单元。

(3) 单击 Material 📁，命名为 Steel。Card image= 选择 MAT1(各向同性卡片)。

(4) 单击 create/edit 按钮，输入弹性模量、泊松比及密度等值(此处采用默认)。

(5) 单击 return 按钮，返回主页面。

STEP04　创建 3 个 1D 单元截面形状尺寸

(1) 在主页面单击 1D → HyperBeam，进入截面创建面板。

(2) 选择 standard section 子面板。

(3) 设置 standard section type：standard H section。

(4) 单击 create 按钮，进入 HyperBeam 模块。

(5) 按照图 26-4(a)修改尺寸数据。

(6) 单击工具栏上 Model view，切换回 HyperMesh 页面。

(7) 在标签域内对截面重新命名。

(8) 重复步骤(2)～(7)，创建如图 26-4(b)和图 26-4(c)所示的两个截面。

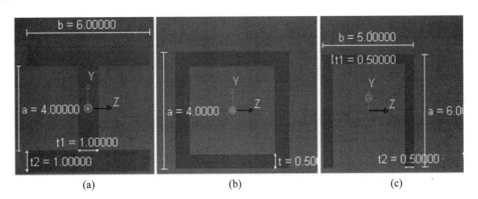

图 26-4　1D 单元的截面形状与尺寸

STEP05　创建 2D 和 1D 单元属性

(1) 在工具栏上单击 Property 🗒，进入属性面板。

(2) 在 prop name= 文本框内输入 Qiaomian，type= 2D，card image= 选择 PSHELL(壳单元)，在 material= 选择前面创建的 Steel。

(3) 单击 create/edit 按钮，在弹出面板[T]下输入壳的厚度值 2.0，创建壳单元属性。

(4) 单击 return 按钮，返回属性面板。

(5) 在 prop name= 文本框内输入 Hengliang，type= 1D，card image= 选择 PBAR(梁单元)，在 material= 选择前面创建的 Steel，beamsection= 选择 H-section。

(6) 单击 create 按钮，创建 1D 单元属性。

(7) 重复步骤(5)～(6)，创建另外两个 1D 单元截面属性。

(8) 单击 return 按钮，返回主页面。

STEP06 划分壳单元

(1) 在标签域内将 Qiaomian 设置为当前工作组件。

(2) 在主页面单击 2D → automesh，进入自动分网面板。

(3) 选择 size and bias 子面板。

(4) 激活 surfs，选择前面创建的桥面 elem size= 10.0，类型设置为 quads。

(5) 单击 mesh 按钮，对面进行 2D 网格划分。

(6) 单击 return 按钮，返回主页面。

STEP07 将壳单元属性赋给壳单元

(1) 右键单击标签域内 Qiaomian，在弹出的菜单中选择 Assign，选择所有面单元。

(2) 单击 proceed，将壳单元属性赋给壳单元。

(3) 将工具栏上的 traditional element representation ◆·(传统显示)切换为 3D element representation ▦·(3D 显示)，结果如图 26-5 所示。

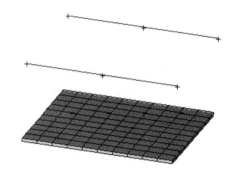

图 26-5 桥面的 3D 显示

(4) 单击 return 按钮，返回主页面。

STEP08 创建所有 1D 单元并赋予属性

(1) 在标签域内将 Hengliang 设置为当前工作组件。

(2) 在主页面单击 1D → bars，进入梁单元创建面板。

(3) 选择 bar2 子面板。

(4) 将 orientation 设置为 y-axis。

(5) 在文本框 Property= 中选择 Hengliang。

(6) elem types= 选择 CBAR。

(7) 在 offset a 和 offset b 状态下，分别输入同样数据 ax= 3.0，ay= −4.0，az= 0.0。

(8) 激活 node A 和 node B 分别选择横梁的两端节点，结果如图 26-6 所示。

(9) 重复步骤(4)～(8)，创建其他梁单元，如图 26-7 所示。

(10) 单击 return 按钮，返回主页面。

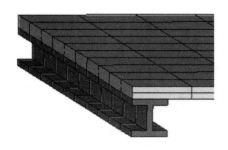

图 26-6 梁单元

图 26-7 1D 与 2D 单元 3D 显示

(11) 将局部放大，采用不同显示模式显示，检查连接情况，如图 26-8 所示。

图 26-8　检查连接情况

4. 项目小结

(1) HyperBeam 是 HyperMesh 向用户提供的、功能强大的 1D 单元截面创建、编辑和管理模块。通过工具栏 Model view 和 HyperBeam view ，两者界面可互相转换。

(2) 创建 1D 单元时，使截面剪切中心与节点重合。

(3) HyperBeam 中的下标 S，如(Y_S，Z_S)表示剪切中心，而(Y_C，Z_C)表示形心坐标。

(4) HyperMesh 中方向器的方向与 HyperBeam 中的 Y 轴同向。

(5) HyperBeam 中的截面方向可通过工具栏上的 进行调整。

(6) 端点偏置(offset)要经过计算。比如：Fushou 的 $y = Y_S - 1($板厚$/2) - 0.5(t_1) = 5.2933 - 1 - 0.5 = 3.7933$。

✦✦✦✦✦ 思 考 题 ✦✦✦✦✦

1．1D 单元的截面方位如何调整？(HyperBeam 中的截面方向可通过工具栏上的 进行调整)

2．1D 单元轴的方向如何确定？(HyperMesh 中方向器的方向与 HyperBeam 中的 Y 轴同向)

项目 27

使用自建截面创建 1D 单元

 学习目标

❖ 创建 1D 单元横截面
❖ 创建 1D 单元

 重点、难点

❖ 1D 单元编辑
❖ 使用 Line mesh 创建 1D 单元

项目 27

1. 项目说明

使用不同界面 1D 单元创建如图 27-1 所示的 1D 单元模型，其中上面的面为 1D 壳单元。

图 27-1　几何模型

2. 项目规划

使用 HyperMesh 创建自己的横截面，接下来的方法和步骤同"项目 26"。

3. 项目实施

STEP01　创建两个截面几何模型

(1) 在主页面单击 Geom → nodes，进入节点创建面板。

(2) 创建两个节点坐标分别为(0,0)和(10,0)。

(3) 在主页面单击 Tool → rotate，进入旋转面板。

(4) 创建三角形的 3 个顶点，并倒圆角。

(5) 合并所有三角形的边，使之成为一条线。

(6) 同样创建出四边形截面，如图 27-2 所示。

注意：三角形是边框，四边形是面。

图 27-2   截面形状

STEP02   创建 1D 单元截面

(1) 在主页面单击 1D → HyperBeam，进入截面创建面板。

(2) 选择 shell section 壳截面子面板。

(3) 选择器设置为 lines，并选择三角形边线。

(4) 将 cross section plane 切换为 fit to entire。

(5) 将 section base node 切换为剪切中心 shear center。

(6) 将 part generation 切换为 auto。

(7) 单击 create 按钮，进入 HyperBeam 模块。

(8) 在标签域右键单击 shell_section，再单击 edit 按钮。

(9) 将厚度 thickness 改为 2.0。

(10) 单击 update 按钮进行更新。

(11) 单击 exit 按钮，返回 HyperBeam 面板。

(12) 在工具栏上单击 Model view，返回 HyperMesh。

(13) 选择 solid section。

(14) 将选择器切换为 surfs，并选择四边形的面。

(15) 将 section base node 切换为形心 centroid。

(16) 单击 create 按钮。

(17) 在工具栏上单击 Model view，返回 HyperMesh。

STEP03   创建单元框架

(1) 在标签域内创建一个新组件，并作为当前工作组件。

(2) 使用线条，创建出如图 27-3 所示的单元框架。

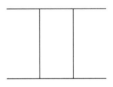

图 27-3   单元框架

STEP04   创建 1D 单元

(1) 在主页面单击 1D → line mesh，进入 1D 单元创建面板，创建横梁单元。

(2) 在主页面单击 1D → bars，进入 1D 单元创建面板，创建上面两个壳单元。

STEP05

以下步骤同"项目 26"。

4. 项目小结

(1) 关于坐标系系统默认编号为 0，局部坐标系依次递增 1。在主页面可通过 Tool → number(renumber)对坐标系编号和修改编号。

(2) 这里没有体现出局部坐标系的优势，但有些情况优势明显。

项目 28

查找并删除重复单元

 **学习目标**

❖ 查找并删除重复单元
❖ 只显示失效单元

 **重点、难点**

❖ 查找重复单元

项目 28

1. 项目说明

以 3D 单元模型为例，如图 28-1 所示，查找并删除重复单元。

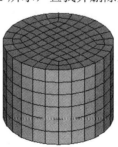

图 28-1　3D 单元模型

2. 项目规划

首先创建一些单元，然后在原来位置复制部分单元，最后找到并将重复单元删除。

3. 项目实施

STEP01　创建立体几何模型

(1) 在主页面单击 Geom → nodes，进入节点创建面板。

（2）创建两个节点坐标分别为(0, 0, 0)和(0, 10, 0)。

（3）在主页面单击 Geom → solid，进入体创建面板。

（4）选择 Cylinder Full 、bottom center 和 normal，分别对应选一节点。

（5）在 radius 和 height 文本框分别输入 20.0 和 30.0。

（6）单击 create 按钮，创建的圆柱体如图 28-2 所示。

（7）单击 return 按钮，返回主页面。

图 28-2　圆柱体几何模型

STEP02　对圆柱体进行 3D 分网

（1）在主页面单击 3D → solid map，进入体网格创建面板。

（2）选择 one volume 单体分网子面板。

（3）选择器切换为 volume to mesh，并在图形区选择体，将 along parameters 切换为 element size= 并输入 5.0。

（4）单击 mesh 按钮，如图 28-3 所示，这时状态栏显示 564 个单元。

（5）在主页面单击 Geom → count，进入统计面板。

（6）将选择器切换为 elems，选取部分单元，右键单击并选择 duplicate，在弹出的菜单中选择 original comp，再次单击选择器选择 displayed。

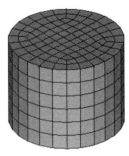

图 28-3　3D 网格模型

（7）单击 selected 按钮，这时状态栏显示现有单元数大于原来单元数，说明有重复单元。

STEP03　检查重复单元

（1）在主页面单击 Tool → edges，进入边界检查面板。

（2）将对象选择器切换为 elems，选择全部单元，单击 preview equiv 按钮，如图 28-4 所示。

（3）单击 equivalence，使单元节点合并。

（4）在主页面单击 Tool → check elems，进入单元检查面板。

（5）单击 duplicated 按钮，显示重复单元如图 28-5 所示，状态栏显示重复单元数量。

（6）单击 saved failed 按钮。

STEP04　删除重复单元

（1）在工具栏上单击 Delete ，将对象选择器设置为 elems，右键单击选择 retrieve，图形区如图 28-5 所示。

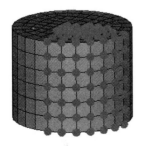

图 28-4　重复单元的节点

图 28-5　重复单元

(2) 单击 delete entity 按钮。

(3) 再次进入统计面板，查看是否为 564 个单元。

4. 项目小结

由于各种原因经常有重复单元出现，为了删除这些不必要的单元，只要掌握本项目提供的方法在很多情况下都可以解决这一问题。

✦✦✦✦✦　**思 考 题**　✦✦✦✦✦

如何仅显示如图 28-6 所示的那些重复单元(或失效单元)？(① Tool → edges → preview equivalce；② Tool → check elems → 3-d → save failed；③ Tool → mask → retrive → reverse all)

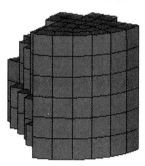

图 28-6　仅显示重复单元

项目 29

修改部分单元

 **学习目标**

❖ 修改部分单元

 **重点、难点**

❖ 修改部分单元

项目 29

1. 项目说明

以 2D 单元为例，如图 29-1 所示，将已划分好的单元作如下适当调整。

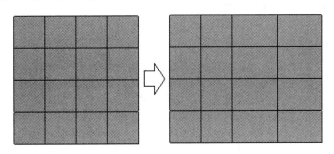

图 29-1　单元模型

2. 项目规划

部分单元不变而另一部分单元尺寸变化，可使用 HyperMorph 来实现。

3. 项目实施

STEP01　创建几何模型

(1) 在 HyperMesh 主页面单击 Geom → lines，进入线创建面板。

(2) 选择 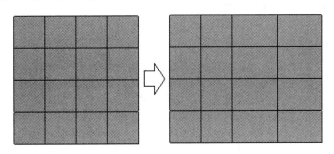，分别输入两个坐标点(0, 0, 0)和(4, 0, 0)。

(3) 单击 create 按钮，创建出一条长为 4.0 的线。

(4) 单击 return，返回主页面。

(5) 在 HyperMesh 主页面单击 Geom → surfaces，进入面创建面板。

(6) 选择 Drug along Vector 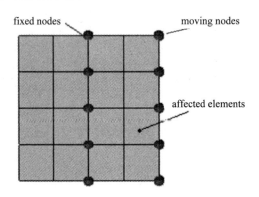，选取上面已创建的线。

(7) 设置方向 y-axis，Distance 为 4.0。

(8) 单击 drag+，创建一个矩形面。

(9) 单击 return 按钮，返回主页面。

STEP02　进行 2D 分网

(1) 在主页面单击 2D → automesh，进入自动分网面板。

(2) 选择 size and bias 子面板，输入 elem size= 1.0。

(3) 将 mesh type 设置为 quads，目的地切换为 elems to surf comp。

(4) 单击 mesh 按钮，划分 2D 网格。

(5) 单击 return 按钮，返回主页面。

STEP03　修改部分单元

(1) 在主页面单击 Tool → HyperMorph，进入 HyperMorph 主页面。

(2) 选择 freehandle 子面板。

(3) 按照图 29-2 所示进行设置。

(4) 在面板下方的 x= 文本框中输入总的变化量。

(5) 单击 morph 按钮，结果如图 29-1 所示。

(6) 单击 return 按钮，返回主页面。

图 29-2　Move nodes 子面板设置

4．项目小结

(1) HyperMorph 是一个内嵌在 HyperMesh 中的单元变形模块，其功能是可以使用多种交互式方法改变单元形状。这些方法包括拖曳控制柄(handle)、改变倒角和孔的半径，以及曲面映射等。

(2) Morphing 过程包括创建并修改域(Domains)和控制柄(Handles)，将模型分成多个域，这些域的形状由控制柄控制，通过移动控制柄，可以改变域的形状，如边界、倒角、曲率及域中节点的位置等。

(3) 在 Morphing 过程中，移动控制柄附近的节点时移动距离较大，而移动控制柄较远的节点时移动距离较小，在控制柄之间的区域网格自动延伸或者压缩以适应域的变化。

项目 30

改变弹簧直径 D 及簧丝直径 d

 **学习目标**

❖ 创建域
❖ 改变模型某个方向尺寸

 **重点、难点**

❖ 计算中心的选择

项目 30

1. 项目说明

修改图 30-1 所示的弹簧的直径 D 及簧丝直径 d。

图 30-1　单元模型

2. 项目规划

使用 HyperMorph 的 morph 功能来实现。

3. 项目实施

STEP01　创建 domains(域)

(1) 打开模型文件 Pro30.hm。
(2) 在主页面单击 Tool → HyperMorph，进入 HyperMorph 主页面。
(3) 选择 domains 子面板。
(4) 将 domain 类型设置为 2D domains，对象选择器选取为 all elements。

(5) 单击 create 按钮，创建 3 个 domains，如图 30-2 所示。

(6) 单击 return，返回 HyperMorph 主页面。

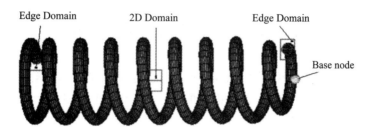

图 30-2　创建模型的 Domain

STEP02　改变弹簧直径 D

(1) 在 HyperMorph 主页面单击 morph，进入 morph 面板。

(2) 选择改变尺寸 alter dimensions 子面板。

(3) 开关切换为 radius，同时设置 radius= 20.0，勾选 add to current 复选框。

(4) 将 center calculate 设置为 by axis，切换为 z-axis。

(5) 激活 domains 并选取 3 个 domains，基点选取临时节点。

(6) 单击 morph 按钮，结果如图 30-3 所示。

图 30-3　弹簧直径加大

STEP03　改变簧丝直径 d

(1) 将 center calculate 切换为 by normal。

(2) 输入 radius= 5.0，勾选 add to current 复选框。

(3) 单击 domains，选择 displayed。

(4) 单击 morph 按钮，结果如图 30-4 所示。

图 30-4　簧丝直径加大

4. 项目小结

(1) Domain 的选取是个关键，其中 edge domain 负责边界区域，而 2D(3D)domains 负责整体。

(2) 本项目中的单元均为 2D。如果是 3D，则应切换为 3D domains。

(3) 勾选 add to current 复选框，意味着在原有数值基础上增加了所输入的值。

项目 **31**

改变轴的几何尺寸

 **学习目标**

❖ 改变几何模型尺寸
❖ 改变单元模型尺寸

 **重点、难点**

项目 31

❖ dimensioning 的使用

1．项目说明

修改图 31-1 所示轴的轴颈长度、轴环宽度和端部螺丝孔直径。

图 31-1　轴的几何模型

2．项目规划

使用 HyperMesh 的 dimensioning 来改变几何模型尺寸。

3．项目实施

STEP01　**显示轴头长度**

(1) 导入几何模型数据文件 Pro31.iges。
(2) 在主页面单击 Geom → dimensioning，进入尺寸修改功能。

(3) 切换为 auto sides section，按照图 31-2 所示选取两点，自动显示出两点间距离。

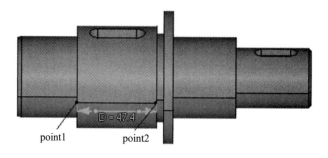

图 31-2　显示尺寸大小

STEP02　改变轴头长度向两侧延伸

(1) 左键单击图形区上的数据，将其改为 50.0，点击回车确认，如图 31-3 所示。

(2) 观察结果和尺寸增大，分别向两侧延伸。

(3) 单击 reject 按钮，恢复原状。

图 31-3　两端变化后的模型显示

STEP03　改变轴头长度向单侧延伸

(1) 左键单击右侧的小圆点，右侧箭头切换为短粗线基准，表示以右侧为基准，左侧变化。

(2) 将尺寸数据改为 50.0，如图 31-4 所示。

(3) 右键单击图形区数字，选择 Delete。

图 31-4　左侧变化后的模型

STEP04　改变轴端固定孔的直径

(1) 选取图 31-5(a)所示两点，显示孔的直径。

(2) 将数值修改为 8.0，单击回车确认，如图 31-5(b)所示。

(3) 在菜单栏单击 Mesh → Create → 2D AutoMesh(或按快捷键 F12)，进入面自动分网面板。

(4) 选择 size and bias 子面板，在文本框输入 elem size =3.0。

(5) 单击 mesh 按钮分网，如图 31-6 所示。

(6) 单击 return 按钮，返回 dimensioning 面板。

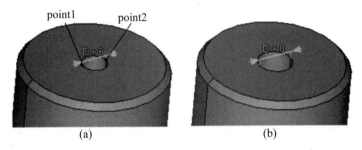

图 31-5 轴端固定孔直径改变前后

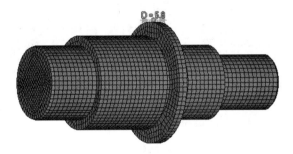

图 31-6 显示轴环宽度

STEP05 改变轴环厚度值

(1) 按照上述方法显示出轴环厚度值。

(2) 在菜单栏单击 Mesh → Create → 2D AutoMesh(或 F12)，进入面自动分网面板，重新划分网格。

(3) 选择所有面，将数据改为 3.0，如图 31-7 所示，网格自动去适应几何尺寸。

(4) 单击 return 按钮，返回主页面。

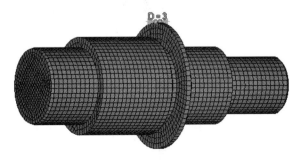

图 31-7 改变后的轴环宽度

4. 项目小结

dimensioning 不仅可动态修改几何模型尺寸，还可直接修改单元模型尺寸。

✦✦✦✦✦ 　思 考 题　 ✦✦✦✦✦

如何将轴环或轴肩的直径缩小？

✦✦✦✦✦ 　练 习 题　 ✦✦✦✦✦

如何在图 31-8 所示已划分好的网格上添加或删除小孔(hole)或凸起(bead)？
(Utility → Geom/Mesh → Mesh tool)

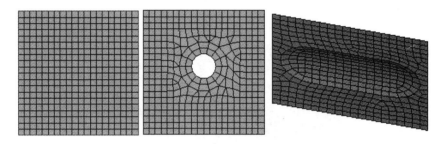

图 31-8　在网格上添加特征

项目 32

改变单元形态

 学习目标

❖ 整体单元变形

 重点、难点

❖ 整体单元变形

项目 32

1. 项目说明

以 2D 单元为例，将图 32-1 所示平面单元调整为半圆曲面单元。

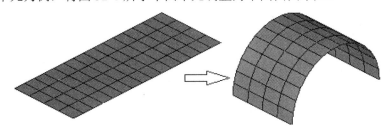

图 32-1　单元模型

2. 项目规划

使用 HyperMorph 的 map to geometry 来实现。

3. 项目实施

STEP01　创建一矩形并分网
方法同"项目 29"。

STEP02　创建半圆曲线
创建一半圆曲线，如图 32-2 所示。

STEP03　将平面单元转换为曲面单元

(1) 在 HyperMesh 主页面单击 Tool → HyperMorph，进入 HyperMorph 主页面。

(2) 选择 map to geometry 子面板。

(3) 按照图 32-2 所示进行设置。

(4) 切换为 no fixed nodes。

(5) 单击 map 按钮，结果如图 32-1 所示。

(6) 单击 return 按钮，返回主页面。

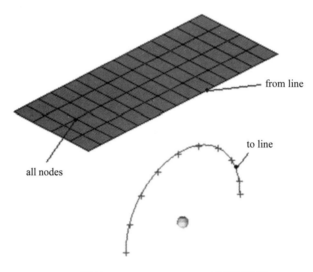

from line

to line

all nodes

图 32-2　map to geometry 子面板设置

4. 项目小结

本项目的原理：将单元上的线按照所选定的线的曲率变化，单元随之而变。

✦✦✦✦✦ 练 习 题 ✦✦✦✦✦

1. 自建直管单元模型并修改为改变直径的 90° 弯管，如图 32-3 所示。

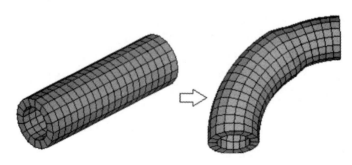

图 32-3　直管修改为改变直径的弯管

2．试将平面网格修改为中央以球面凸起的网格，如图 32-4 所示。(Tool → HyperMorph → freehands sculpting)

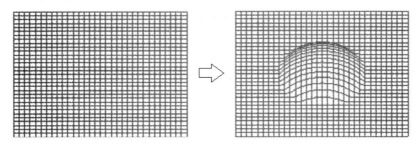

图 32-4　将平面网格修改为中央球面网格

参 考 文 献

[1]　王钰栋，金磊，洪清泉，等. HyperMesh&HyperView 应用技巧与高级实例[M]. 北京：机械工业出版社，2012.

[2]　付亚兰，谢素明. 基于 HyperMesh 的结构有限元建模技术[M]. 北京：中国水利水电出版社，2015.

[3]　李楚琳，张胜兰，冯樱，等. HyperWorks 分析应用实例[M]. 北京：机械工业出版社，2008.

[4]　张胜兰，郑冬黎，郝琪，等. 基于 HyperWorks 的结构优化设计技术[M]. 北京：机械工业出版社，2007.